KB098796

녹색성장
말고
기후정의

녹색성장 말고 기후정의

기후 불평등에서 정의로운 전환으로

박재용 지음

뿌리와
이파리

차례

왜 기후위기인가

기후위기 강연을 나가면 거의 매번 하는 이야기가 있습니다. 하는
저는 지루해도 들으시는 분들은 거의 처음 듣는 이야기죠. 제 강의
를 들으시는 분들은 대부분 중·고등학교 과학시간에 지구온난화
에 대해 배웠습니다. 이산화탄소 농도가 높아지면서 지구 대기의
온도가 올라가서 문제가 되고 있다고 말이죠. 그런데 이 지구온난
화Global Warming란 단어가 언제부터인가 기후위기Climate Crisis 혹
은 기후변화Climate Change란 단어로 대체되었습니다. 처음에는 환
경운동을 하는 이들 사이에서 주로 쓰이다가 3~4년 전부터는 지
구온난화란 말 대신 기후위기란 용어가 대세를 차지하고 있지요.

　왜 온난화란 말 대신 굳이 위기라는 말을 쓸까요? 저는 그 이유
가 대략 네 가지라고 생각합니다. 먼저 지구온난화로 인해 인류와
지구 생태계가 겪어야 할 고통이 아주 크기 때문입니다. 21세기 들

어 본격적으로 기후위기의 영향이 보이고 있습니다. 먼저 화재입니다. 미국의 캘리포니아나 시베리아, 오스트레일리아 등 건조한 지역에서 매년 정기적으로 산불이나 들불이 일어나는 건 예전부터 있었던 일입니다. 자연스러운 현상이죠. 하지만 21세기 들어 산불이나 들불의 규모가 훨씬 커지고 지속되는 기간도 길어졌습니다. 20세기에 비하면 규모 자체가 달라졌지요. 그리고 아프리카 사하라사막 남단의 사헬 지대나 마다가스카르 등의 가뭄도 이전보다 더 심각해지고 있습니다.

그뿐이 아니죠. 우리나라의 경우에도 20세기에 비해 21세기 들어 여름이 거의 20일 가까이 늘어나고 겨울은 그만큼 줄었습니다. 봄철 태풍은 줄고 가을철 태풍은 늘어났습니다. 여름의 강수량도 예전에 비해 큰 폭으로 늘었지요. 전 세계적으로 기후변화가 실제로 일어나고 있고, 그로 인해 많은 사람들이 고통에 시달리고 있습니다. 지금처럼 온실가스 농도가 계속 증가하면 앞으로 더 큰 고통이 다가올 게 분명합니다. 인류사에 유례없는 심각한 고통을 겪을 것이기에 지구온난화가 아닌 기후위기입니다.

두 번째로 이 문제를 극복하기가 굉장히 힘들기 때문입니다. 기후위기를 일으키는 주된 요인은 이산화탄소와 메테인가스의 대기 중 농도 증가입니다. 그리고 이들 농도를 증가시키는 주범으로는 전기 생산이 30% 이상, 산업이 30% 이상, 수송이 10% 조금 더 넘고, 축산업과 논농사와 같은 농업 부문이 또 10% 이상을 차지합니다. 인류 활동의 거의 모든 영역에서 온실가스를 발생시키고 있는 셈이지요.

특히 전기, 제철, 시멘트, 석유화학 및 플라스틱, 정보통신, 축산 등 온실가스 발생의 주된 요인이 되는 영역은 현대 자본주의의 경제적 토대이면서 동시에 사회적 기반이 됩니다. 따라서 이 영역에서 실제로 온실가스를 줄이는 일은 아주 어려운 과정일 수밖에 없습니다. 그리고 각 산업마다 얽혀 있는 이해관계라는 것이 단시간에 그리 쉽게 조정되지도 않을 거고요. 여기에 나라별로 이에 대한 이해관계가 다르고 사정이 다릅니다. 이렇게 힘든 문제를 풀어야하기 때문에 지구온난화가 아닌 기후위기입니다.

세 번째로 만약 2050년까지 1.5도 상승을 막지 못한다면 그 뒤로는 이산화탄소 발생에 대한 조정권이 인류의 손을 벗어날 가능성이 아주 높기 때문입니다. 산업혁명 전 대기 중 이산화탄소 농도는 약 300ppm이었습니다. 그런데 현재 약 410ppm으로 상승했습니다. 인류가 화석연료를 사용했기 때문이지요. 따라서 현재는 화석연료 사용을 정지하기만 한다면 온실가스 발생량을 줄일 수 있습니다. 즉 온실가스 농도 증가의 책임을 인류가 지듯이 그 농도 증가를 억제할 수 있는 권한도 인류에게 있는 거지요. 하지만 지구 표면의 평균기온이 올라가고 이산화탄소 농도가 증가하게 되면 이제 지구 시스템 자체가 온실가스 중 가장 중요한 이산화탄소와 메탄 농도를 증가시킬 가능성이 아주 높습니다.

먼저 대기 중 이산화탄소 농도를 억제하는 데에 가장 큰 역할을 하는 것이 바다입니다. 하지만 바다에서 이산화탄소를 흡수하는 양이 한계에 다다르고 있다는 증거들이 속속 등장하고 있습니다. 또한 영구동토층에 묻혀 있는 생물의 사체에서 발생하는 메테인가스, 북극과 남극의 대륙붕 아래 저장되어 있는 메탄하이드레이트 등이 대기 중으로 빠져나오는 양이 증가하고 있습니다. 지구가 점점 더워지기 때문이지요. 이들이 본격적으로 대기 중으로 분출하면서 농도를 높이기 시작하면 그때는 온실가스 농도를 인류가 조절할 수가 없게 됩니다. 우리의 목표인 1.5도나 2도가 아니라 3도, 4도, 이런 식으로 지구 표면 온도가 더 높아질 가능성이 아주 높습니다. 아주 참혹한 결과가 올 수 있습니다. 그래서 이 상황은 지구 온난화가 아닌 기후위기입니다.

네 번째로 기후위기를 극복하는 과정이 굉장히 고통스럽기 때문입니다. 우리나라 발전發電산업을 재생에너지가 주된 역할을 하도록 바꾸는 과정에서만 최소 100조 이상의 비용이 소요될 것으로 보입니다(전문가에 따라서는 300~400조가 필요하다고도 합니다). 또한 포스코의 용광로를 수소환원제철 설비로 바꾸는 데만 60조 이상의 비용이 들 것이라고 합니다. 이뿐만이 아니겠지요. 기후위기를 극복하는 과정에서 요구되는 비용은 우리가 생각하는 것보다 훨씬 많습니다.

일부는 기업이 부담을 하겠지만 역시 세금 부담이 커지고, 전기요금이나 가스요금 등 물가가 올라갈 수밖에 없습니다. 그 외에도 탄소세 등의 부담이 더해지겠지요. 또한 화력발전소, 원자력발전소, 자동차 부품업체, 자동차 정비소 등 다양한 영역에서 일자리가 축소되고 해당 부문에서 일하는 노동자 중 상당수가 실직에 처하게 됩니다. 이런 고통을 감내하고 나눌 것을 사회구성원들이 합의해야 합니다. 그래서 이 상황은 지구온난화가 아닌 기후위기입니다.

기후위기에 대한 몇 가지 오해

기후위기로 지구가 멸망할 것이다

턱도 없는 이야기입니다. 지구는 45억 년 동안 온갖 일을 겪었습니다. 지구 탄생 초기에는 이산화탄소가 대기의 30%가량을 차지하기도 했습니다. 지각이 모두 녹아 마그마 상태였던 '마그마의 바다' 시절이 뜨거운 지구였다면, 반대로 지구 표면 거의 전부가 다 얼어붙은 '눈덩이 지구' 시절도 두어 번 있었습니다. 이산화탄소 농도가 100~200ppm 더 높아진다고 지구가 멸망하거나 하는 일은 없습니다. 이산화탄소의 농도는 지난 몇억 년 동안 수시로 올라갔다 내려갔다 했습니다. 물론 그 과정에서 생태계에는 심각한 변화가 있었습니다. 하지만 지구 전체로 보면 늘 있는 일입니다. 45억 년의 역사를 자랑하는 지구죠. 우리로선 엄청 심각한 일이지만 지구로 보면 표면에서 일어나는 사소한 일에 불과합니다. 지구를 걱정할 것이 아니라 우리를 걱정해야 합니다.

기후위기로 인한 생태계의 파괴로 모든 생물이 멸종할 것이다
마찬가지로 턱도 없는 이야기입니다. 지금껏 지구에는 5번의 대멸종 사건Mass Extinction Event이 있었습니다. 지구 전체 생명의 90%가량이 사라진 사건이었죠. 이 사건들을 거치면서도 지구 생물들은 현재까지 꿋꿋이 살아남았습니다. 물론 현재의 기후위기가 지속되고 더 확산되면 생태계가 궤멸적 타격을 입으리라는 건 명확합니다. 많은 과학자들이 이미 제6차 대멸종이 시작되었다고 합니다. 앞의 대멸종보다 훨씬 규모가 크고 멸종 과정도 빠를 것이라 경고하고 있습니다. 그렇다고 지구상의 생명체가 완전히 사라지지는 않습니다.

대표적으로 산호의 경우 현재 50% 수준으로 파괴되었고, 지구의 온도가 0.5도 정도 더 오르면 98%가 파괴될 것이고, 지구 온도가 1도 더 오르면 99.9% 파괴될 것으로 예측되고 있습니다. 하지만 산호가 완전히 멸종했던 사건은 인간이 등장하기 이전 지구에도 몇 차례 있었습니다. 그러나 몇천만 년이 흐르고 다시 새로운 산호가 진화하여 그 공백을 메웠습니다. 고작 몇천만 년 정도 기다리면 생태계는 다시 복구될 수 있습니다. 다만 그 기간 동안 바다

생태계는 엄청난 손실을 겪을 겁니다. 인류의 고난이야 말할 것도 없겠지요.

기후위기로 인류가 멸망할 것이다

이것 또한 거짓말에 가깝다고 생각합니다. 기후위기는 불평등하게 다가옵니다. 이건 국가별로도 그렇고 국가 안에서도 그렇습니다. 당장 기후위기가 오히려 경제성장에 도움이 되는 국가들이 있습니다. 대표적인 곳이 북극권이지요.

기후위기가 심화되어 북극의 얼음이 모두 녹아버리면—현재보다 1도 정도 온도가 오르면 북극에서 여름철에 얼음이 아예 얼지 않는 경우가 100년에 30년 정도는 될 것으로 예상됩니다. 그리고 얼더라도 지금보다 얼음면적이 훨씬 좁아지겠지요—북극 항로가 열립니다. 부산에서 암스테르담을 갈 때 남중국해와 말라카해협을 통과해 인도 남단을 지나 수에즈운하를 지나 지중해에서 에스파냐를 돌아 도착하는 것보다 항로의 3분의 1이 줄어듭니다. 또 현재 얼어 있는 바다가 녹으면 그곳의 지하자원을 개발할 수 있는데, 이때 가장 큰 혜택을 받는 곳이 러시아와 캐나다, 스칸디나비아반도의 국가들입니다. 영구동토층이 녹는다면 그곳의 개발도 이전보다 활발해지겠지요.

그리고 돈이 있는 사람들은 안전한 곳으로 이사를 하면 되니 사실 큰 문제가 없습니다. 기후위기가 또 하나의 기회가 되기도 하지요. 그린뉴딜, 그린비즈니스로 칭해지는 새로운 사업이 펼쳐지니까요. 벌써 태양광 사업으로 돈을 버는 이들이 우리나라에도 꽤나 있지요. 재생에너지 사업, 스마트그리드 사업, 전기자동차 사업 등 기후위기가 와도 부자들은 늘 그렇듯이 더 부유해질 방법을 찾아냅니다.

　반면 기후위기로 인해 더 큰 피해를 받는 곳은 기후위기에 거의 책임이 없는 저개발국가들이 될 겁니다. 망해도 가난한 나라들이 망한다는 거지요. 또 기후위기로 해수면이 상승하고 강의 수위가 올라가면 그 주변에 살던 이들이 피해를 입게 되는데, 특히 메콩강이나 나일강 등 강 주변의 삼각주에서 농사를 짓던 이들이 심각한 타격을 받겠지요. 방글라데시, 인도, 베트남, 태국, 이집트 등의 농민들입니다. 모두 가난한 나라의 사람들입니다. 그렇다고 가난한 이들이 사라지진 않을 겁니다. 기후난민이 되어 대도시로 흘러들어가 도시빈민이 되고 삶이 더 고달파지겠지만, 뭐, 늘 그래왔던 거지요. 그러니 인류 전체가 사라질 일은 없을 겁니다.

　결국 기후위기는 현재의 가난한 이들, 가난한 국가들, 아무것도 모르고 있는 생물들에게는 생존의 문제일 수 있습니다. 그러나 그들 모두가 사라지는 건 아닙니다. 기후위기의 본질은 불평등이고, 불평등의 심화인 것이지요. 전쟁이 부자에게는 돈벌이가 되지만 가난한 이들에게는 전장의 총알받이가 되거나 아니면 전쟁난민이 되는 길밖에 없었듯이, 대공황이 부자들에게는 돈벌이가 되지만 가난한 이들에게는 더 가난해지고 그러다 일부는 굶어죽거나 스스로 목숨을 끊게 되었듯이, 비슷한 일이 되풀이될 뿐이지요. 물론 웬만한 전쟁보다 더 큰 엄청난 피해가 아무것도 모르는 생물들과 가난한 이들에게 몇백 년 이상 지속될 것입니다.

제1장

모두의 책임은
아니다

상위 20%와 하위 50%

진수 씨는 원룸에서 살며 택배 일을 합니다. 그의 원룸은 8평 남짓입니다. 더운 여름에는 8평형 벽걸이 에어컨을 잠시 틀어 방을 선선하게 만든 뒤 선풍기를 돌립니다. 겨울에는 보일러 온도를 18도에 맞추고 요 위에 전기장판을 틀어 따뜻한 잠자리를 만들죠.

새벽에 눈을 뜨면 자기 키보다 작은 냉장고 문을 열어 물 한잔을 마십니다. 찬물을 마시고 세수와 양치를 하다보면 소식이 옵니다. 볼일을 보죠. 그러고는 냉동실의 새우볶음밥 포장을 뜯어 레인지에 데워서 김치와 함께 아침을 먹습니다. 출근 복장은 얇은 청바지나 까만 5부 반바지에 티셔츠입니다. 거기에 조끼를 하나 걸치지요. 신발은 늘 신는 운동화와 쓰레빠 그리고 일 년에 서너 번 신는 구두, 이렇게 세 켤레지요. 출근길은 1리터짜리 아메리카노가 항상 함께합니다. 이부자리는 몸만 빠져나온 흔적 그대로 둔 채로 진수 씨는 1톤 트럭을 타고 출근합니다.

진수 씨는 일주일에 하루 쉬지만 그날 따로 하는 일은 거의 없습니다. 일주일의 피로를 풀면서 돈도 들지 않는 것으로는 잠만큼 좋은 게 없으니까요. 아, 한 달에 한 번 본가를 방문하거나 친구들과 한잔하기는 하죠.

대기업 연구소를 다니는 봉진 씨는 18평의 오피스텔 12층에 삽니다. 시스템에어컨으로 여름은 시원하게, 라디에이터와 온풍기로 겨울은 따뜻하게 보낼 수 있습니다. 새벽에 일어나면 양문형 냉장고에서 찬물을 꺼내 마시면서 커다란 창밖으로 깨어나는 도시를 보죠. 샤워를 하고 역시 볼일을 본 뒤 새벽마다 배달되는 샐러드와 커피로 아침을 먹습니다. 어제 저녁 스타일러에 넣어둔 까만 청바지에 역시 검은색 티셔츠, 약간 핑크색이 도는 가디건을 매치합니다. 가방에 휴대폰과 태블릿 그리고 몇 가지 서류를 넣고 신발장을 여니 러닝화와 워킹화, 색깔별 운동화와 구두들이 얌전하게 그의 선택을 기다립니다. 오늘은 하얀색 스니커즈를 신고 집을 나섭니다. 아, 오늘같이 장마가 이어지는 날에는 제습기를 몇 시간 틀어주는 것과 로봇 청소기를 돌리는 걸 잊지 않지요.

봉진 씨의 주말은 바쁩니다. 한 달에 한 번 정도 겨울이면 스키를 여름이면 서핑을 하는 걸 빼먹지 않지만, 자기개발을 위해 여러 모임에 참석하는 것도 잊지 않습니다. 가끔 친구들과 만나지만 과음은 항상 삼갑니다. 와인 몇 잔으로 끝내지요.

진승 씨는 용산 그레이스 아크로텔의 45평형 빌라에 혼자 삽니다. 아버지 회사의 과장이지요. 곧 부장으로 진급할 예정입니다. 작년까지 부모님과 같이 살다가 증여받은 돈에 대출을 일부 포함해서 아파트 한 채를 장만했습니다. 알람에 맞춰 눈을 뜬 그도 마찬가지로 정수기에서 차가운 물 한잔을 내려받아 마신 다음, 트레이닝복 차림으로 단지 내 피트니스에서 PT를 받고 오는 건 거의 매일 하는 일이죠. 샤워를 한 뒤 이미 출근한 가사 노동자가 차려준 아침을 간단히 먹고는 세탁소에서 배달된 정장을 입습니다. 과장이라는 직위에 맞게 출근용 차량은 제네시스 G80입니다. 청소로봇을 돌릴 필요도 제습기를 틀 필요도 없습니다. 가사 노동자가 알아서 깔끔하고 쾌적하게 유지해주죠.

진승 씨는 주말이면 아주 바쁩니다. 아버지의 네트워크에 그저 아들이라고 끼고 싶지는 않으니까요. 문화예술계나 정치계로도 인맥을 넓혀야 합니다. 한 달에 한 번 정도는 연차를 끼워 3박 4일로 미국이나 중국, 유럽을 다닙니다. 즐기기도 하지만 더 중요한 건 자기 사업의 인맥을 넓히는 거죠.

제가 이런저런 기사들과 르포를 읽고 짜깁기해서 사례를 들려준 세 사람의 경우는 소득 수준에 따른 일상을 보여주는 것이기도 하지만, 이들이 일상을 통해 배출하는 이산화탄소양의 차이를 보여주기도 합니다.

이번에는 소득 수준에 따라 나타나는 이산화탄소 배출량의 불평등을 이야기해보죠. 옆의 그래프는 1990년과 2019년의 한국과 세계의 소득 수준별 1인당 이산화탄소 배출량을 보여줍니다.[*] 일단 눈에 띄는 건, 어느 경우에도 하위 50%의 이산화탄소 배출량이 아주 적다는 점이죠.

그래프에선 수치가 잘 보이지 않지만 한국의 경우 하위 50%는 2019년에 평균 7톤의 이산화탄소를 배출합니다. 상위 1%의 180톤에 비하면 약 26분의 1 수준입니다. 세계 전체로 보면 하위 50%는 1년에 고작 1톤의 이산화탄소를 내놓습니다. 상위 1%의 106톤에 비하면 100분의 1도 되질 않지요. 앞선 사례에서 봤듯이 살림이 빠듯한 이들은 내놓고 싶어도 내놓을 이산화탄소가 별로 없습니다.

두 번째로 볼 수 있는 건 하위 50%와 중간 40%의 이산화탄소 배출량은 그래프에 해당되는 기간 동안 큰 변화가 없다는 점입니다. 우리나라를 먼저 볼까요? 하위 50%의 경우 1990년 5톤에서 2020년 7톤으로 2톤 증가했습니다. 이는 우리나라 소득 수준 자체

---

[*] 소득 수준별 이산화탄소 배출량 데이터는 세계불평등데이터베이스World Inequality Database(WID.world)에서 가져왔습니다.

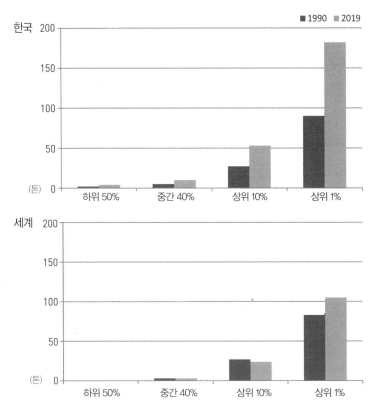

1-1. 대한민국 및 전 세계 소득 수준별 1인당 이산화탄소 배출량(데이터 출처: 세계불평등데이터베이스World Inequality Database)

가 지난 30년간 세계 평균에 비해 더 급격히 증가하면서 나타나는 현상이라 볼 수 있습니다. 중간 40%는 9톤에서 15톤으로 6톤가량 증가했지요. 그에 비해 상위 10%는 28톤에서 55톤으로 27톤이 증가했습니다. 상위 1%는 더 심하죠. 87톤에서 180톤으로 무려 93톤이 증가했지요.

전 세계의 소득 수준별 그래프를 봐도 이런 경향은 같습니다. 하위 50%는 1990년이나 지금이나 1년에 고작 1톤 내놓는 게 다입니다. 중간 40%도 6톤에서 변함이 없고요. 상위 10%는 오히려 29톤에서 28톤으로 1톤 줄었습니다만 상위 1%는 83톤에서 106톤으로 43톤이 증가했습니다.

그에 비해 상위 10%의 이산화탄소 배출량은 세계 전체로는 별 변화가 없지만 우리나라의 경우 2배가량 올랐지요. 그리고 상위 1%는 세계 전체로 봐도 많이 올랐고 우리나라는 그보다 더 많이 올랐습니다.

상위 10%, 그중에서도 1%가 가장 큰 공을 세운 거지요. 소득도 선진국이 되었고 경제 발전도 대단했지만, 이산화탄소 배출 증가 속도도 전 세계에서 선진국이었던 셈이죠. 그리고 여기에는 상위 10%의 몫이 가장 큽니다.

흔히 선진국이 온실가스 배출에 가장 큰 책임이 있다고들 합니다. 틀린 말은 아니지만 지난 세월 동안 유럽과 미국 그리고 우리나라의 가난한 이들은 온실가스 배출에 기여할 기회가 별로 없었습니다. 그 기회가 왔을 때 최대한으로 이바지한 사람은 이들 나라의 상위 10%입니다. 그리고 지금은 다른 나라의 상위 10%도 뒤질세라 열심히 배출하고 있고요.

누가 이산화탄소를 줄여야 하는지가 너무 분명하죠. 그리고 하나 더, 이제껏 내놓은 이산화탄소에 책임을 져야 할 이들이 누구인 지도 분명합니다. 물론 이런 일이 생길 거라고 생각하면서 일부러 한 일은 아닐 겁니다. 그래도 책임이 사라지진 않습니다. 기후위기 극복을 위한 재원의 핵심이 누진세가 되어야 하는 이유 중 하나입 니다.

부자 나라, 가난한 나라

기후위기의 불평등에 대해 이야기할 때 자주 드는 사례가 부자 나 라와 가난한 나라의 불평등입니다. 그럼 구체적으로 어느 나라가 얼마나 온실가스를 내놓았을까요? 어떤 분들은 세계의 공장인 중 국을, 또다른 분들은 미국을 생각합니다. 그리고 여기에 유럽과 일본, 한국을 빼놓을 수가 없겠죠. 조금 덧붙이자면 오스트레일리 아와 인도 그리고 사우디아라비아를 비롯한 산유국 정도가 더해 집니다.

2021년 기준 전 세계 이산화탄소 배출량은 대략 364억 톤이었습 니다. 1위는 중국입니다. 101억 7500만 톤의 이산화탄소를 배출했 습니다. 2위는 미국이죠. 52억 8500만 톤을 배출했습니다. 3위는 인도로 21억 9100만 톤이고, 4위는 러시아로 16억 1900만 톤입니 다. 일본이 5위, 이란이 6위, 독일이 7위이고, 한국은 8위입니다.

우리나라 다음으로는 인도네시아와 캐나다, 사우디아라비아, 남아프리카공화국 순입니다. 1위 중국의 배출량은 2위에서 7위까지의 배출량을 합친 것과 비슷합니다. 1위부터 5위를 합치면 208억 톤이고 10위까지는 241억 톤 정도 됩니다. 상위 10개국이 전체 이산화탄소의 67%를 내놓고 있는 거지요. 상위 10개국 중 산유국인 러시아, 이란, 사우디아라비아, 인도네시아를 제외하면 중국, 미국, 독일, 일본, 한국 순입니다.

여기서 우리가 주목할 점이 하나 더 있습니다. 바로 시기별 온실가스 배출량의 변화입니다. 1940년대 전 세계 이산화탄소 배출량은 매년 약 40~50억 톤이었습니다. 그리고 제2차 세계대전 이후 이산화탄소 발생량은 가파르게 증가합니다. 아래 표를 보시죠.

(%는 산업혁명 이후 총배출량에 대한 비율)

연도	배출량
1950년대	770톤/5%
1960년대	1200톤/8%
1970년대	1750톤/12%
1980년대	2100톤/14%
1990년대	2400톤/17%
2000년대	2900톤/20%
2010년대	3500톤/24%

1-2. 각 연대별 이산화탄소 배출량(데이터 출처: 세계불평등데이터베이스World Inequality Database)

1950년대부터 2010년대까지 이산화탄소 배출량과 그 차지하는 비율을 볼 수 있습니다. 매 10년이 지날 때마다 이산화탄소 배출량은 큰 폭으로 증가하고 있죠. 기후위기로 세계가 온통 난리가 난 것처럼 떠들고 모든 국가들이 이산화탄소 발생량을 줄이겠다고 한 21세기 들어서도 배출량은 계속 증가합니다. 21세기의 20년 동안 배출한 이산화탄소가 제2차 세계대전 이후 70년 동안 배출한 이산화탄소의 44%를 차지하고 있습니다.

21세기 들어 이산화탄소 배출량이 전년도보다 감소했던 것은 2009년과 2020년 딱 두 번입니다. 2009년은 리먼 브라더스 사태와 전 세계적 금융위기로, 2020년은 코로나19로 전 세계 경제가 마이너스 성장을 한 때였죠. 우리나라의 경우, 마이너스 성장을 한 경우는 1980년과 1998년 그리고 2020년 정도입니다. 그리고 그해에만 이산화탄소 배출량이 전년도보다 줄어들었습니다.

유럽이 250년간에 이르는 온실가스 배출에 책임이 있는 건 당연합니다. 하지만 배출 기간으로 따지면 18~19세기가 아닌 20세기, 그중에서도 20세기 후반기와 21세기에 상당 부분 책임이 있음을 알 수 있습니다. 21세기 10년간 배출한 양이 18세기 100년간 배출한 양보다 많으니까요. 이는 다른 나라에도 공히 적용됩니다. 중국과 미국, 우리나라와 일본 등 현재 온실가스를 가장 많이 배출하는 나라들이 이전에 많이 배출했던 나라보다 더 책임이 큽니다. 물론 19세기 유럽은 온실가스 말고도 현재의 아프리카와 아메리카의 저개발국이 현재의 기후위기로 인해 겪는 고통에 대해 많은 책임을 져야 하는 것 또한 지적해야 할 바입니다.

그리고 또 하나, 중국과 인도가 새롭게 온실가스 배출의 주요 책임국가로 떠오른 부분에 대해서도 생각해봐야 합니다. 두 나라 모두 인구가 14억이 넘는 인구대국입니다. 온실가스 총배출량으로 보면 1위, 3위의 주범으로 지목됩니다만, 이 두 나라의 1인당 온실가스 배출량으로 따지면 생각보다 현저히 적습니다. 1인당 온실가스 배출량은 조금씩의 격차는 있지만 각 나라의 1인당 소득에 따라갑니다. 즉 부자 나라일수록 책임이 큰 거지요.

또 중국과 인도가 온실가스 배출량이 많은 것은 이들이 세계에서 상품을 가장 많이 만들기 때문입니다. 그런데 상품은 사용하는 사람이 있어야 만들지요. 상품 생산 과정에서 발생하는 온실가스는 생산자뿐만이 아니라 소비자에게도 책임이 있습니다. 이 두 나라를 비롯해 전 세계에서 생산하는 각종 상품을 가장 많이 소비하는 곳 역시 부자 나라입니다. 미국을 비롯해서 1인당 평균소득이 높은 나라들은 여기에서도 책임이 있습니다.

물론 중국과 인도가 자국에서 발생하는 온실가스에 책임이 없다는 건 아닙니다. 그러나 생산기지를 자기 나라가 아닌 남의 나라에 두고 펑펑 소비를 일삼는 나라들이 이들을 비난하는 건 문제가 있다는 뜻이지요. 어찌 되었건 온실가스 배출에서 가장 큰 책임은 부자 나라에 있는 것이 맞습니다. 옆의 그래프는 산업혁명 때부

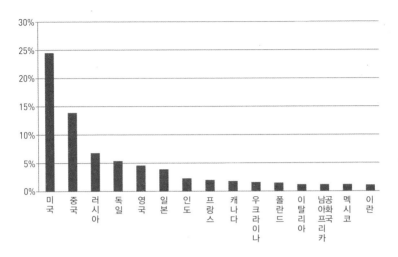

1-3. 1750~2020년 이산화탄소 총배출량 비율(출처: Global Carbon Project)

터 2020년까지 전 세계 이산화탄소 배출량에서 15개국이 차지하는 비율을 나타냅니다. 산유국 등 몇몇 나라를 제외하면 모두 북미와 유럽이죠. 이 15개 나라가 배출한 이산화탄소가 전체의 70%가 넘습니다.

부자 나라가 기후위기에 대해 가장 큰 책임이 있다는 건 두 가지를 의미합니다. 이들 나라는 다른 나라가 쓸 수 있는 온실가스를 빼앗아 먼저 쓴 겁니다. 그러니 다른 나라보다 훨씬 더 빠르게, 더 많이 온실가스를 감축해야 합니다. 두 번째로 기후위기 때문에 고통받는 다른 나라에 대한 지원을 지금보다 대폭 늘려야 합니다. 당연한 일이지요. 그리고 이는 한국도 예외가 아닙니다.

부자의 기후위기

잘못을 저지른 사람이 그 때문에 피해를 입은 사람에게 말을 건넬 때에는 잘못을 사과하고 미안한 마음을 담아야 하지 않나요? 그러니 선진국으로서는 저개발국에게 이렇게 말을 건네야 합니다.

"우리가 화석연료를 펑펑 쓰는 바람에 이 지경에 이르게 됐으니 정말 미안해. 너희가 기후위기 때문에 입은 피해를 보상하려면 우리가 어떻게 해야 하는지 같이 대책을 세워봤으면 좋겠어. 그리고 또 미안한 이야기지만 기후위기를 극복하기 위해 너희도 같이 했으면 좋겠어. 우리 잘못이긴 하지만 일이 상당히 급해져서 다 같이 해결하지 않으면 큰일나게 생겼어. 이런 사태가 되도록 지금껏 방치한 우리 책임이 정말 크긴 한데 좀 도와줬으면 좋겠어. 우린 2040년까지 어떻게든 탄소중립을 이룰 터이니 너희도 2060년경까지 탄소중립을 이뤄주면 안 될까? 물론 거기에 필요한 비용은 우리가 어떻게든 모아서 제공할게."

그런데 문제는 말이죠. 미국이나 유럽, 러시아, 중국, 일본, 한국 등등의 선진국들이 저개발국에게 이야기하는 건 꼭 이런 느낌이란 거지요.

"기후위기가 다급한 사항인 건 알지? 이건 인류 전체의 문제라서 누구 하나 빠질 게 아냐. 우리 모두 기후위기 극복을 위해서 2050년까지 탄소중립을 이루자. 우리도 열심히 할 거고, 너네도

빠짐없이 다 해야 하는 거야. 모두 원팀을 이뤄서 으쌰으쌰하자고. 기술이 없다고? 걱정하지 마. 선진국 회사들이 들어가서 설치하고 운영하고 다 해줄 거야. 거기에 필요한 돈은 우리가 아주 낮은 이자로 빌려줄게."

저개발국이 말하죠.

"우리가 지금껏 내놓은 온실가스는 사실 얼마 되지 않아. 이제야 경제성장을 조금 이뤄서 먹고살려고 하는데, 이산화탄소 나온다고 그걸 중단하라고? 말이 된다고 생각해? 우린 아직 굶는 사람들이 많다고. 우리 국민 먹이고 입히는 게 더 중요하거든."

선진국은 이렇게 말합니다.

"기후위기는 너희랑 우리를 가리지 않아요. 그거 몰라? 우리도 힘들거든. 어찌되었든 너희가 그렇게 우는 소리 하니까 좀 도와주는 줄게. 큰 인심 쓰는 거야. 뭐, 우리보고 80%를 감축하고 너흰 20%만 책임지겠다고? 그게 말이 된다고 생각해? 우리 국민이 너희 국민처럼 헐벗고 살아야겠어! 엉? 누가 그렇게 못살래?"

부자와 가난한 이들의 입장 차이는 나라끼리만 나타나는 게 아닐 겁니다. 예를 들어 한 번의 우주여행으로 쏟아내는 온실가스가 가난한 사람 한 명이 평생에 걸쳐 내놓는 양보다 많다고 합니다. 어느 세미나에서 우주여행을 허용해야 하느냐에 대해 이야길 나눈 적이 있습니다. 다른 분들은 제가 우주여행 허용에 반대할 것으로 예상했지만, 저는 오히려 우주여행 '허용'을 정부가 판단하는 것이

옳은가에 대해 먼저 이야기하고 싶었죠. 물론 전 세계 0.1% 정도만 가능할 우주여행이 무슨 소용이 있겠냐는 생각도 하지만요.

그런데 사실 우주여행은 이제 막 시작된 것이고, 한번에 내놓는 온실가스는 많지만 그리 자주 일어날 일이 아니죠. 반면 비행기를 타고 해외여행을 하는 건 아주 많은 사람들이 자주 하는 일이고 배출되는 총량은 우주여행에 비교도 되지 않을 만큼 많습니다.

그렇다면 비행기를 타는 경우를 우주여행처럼 제한한다고 생각해보죠. 관광을 목적으로 하는 비행기 탑승은 2년에 1회로 제한한다고요. 아마 엄청난 반대에 직면할 수밖에 없을 겁니다. 열심히 일한 자 떠나라고 잠시 짬을 내어 일본도 한번 갔다오고, 싱가포르나 괌에 2박 3일쯤 갔다올 수 있는 것 아니냐는 반발이 있겠죠. 또 1년에 한 번 큰 맘 먹고 유럽이나 미국을 10박 11일 정도 다녀오는 게 그렇게 죽을죄를 진 거냐는 이야기도 나올 수 있습니다. 아이들에게 견문을 넓혀주고 다른 세상도 있다는 걸 보여주고 싶은 부모의 마음도 있겠지요.

하지만 아무나 해외여행을 갈 순 없습니다. 이제 우리나라도 해외여행을 가는 사람들이 아주 많이 늘어났다고 하지만, 정작 가난한 사람들은 해외로 나갈 돈도 여유도 없는 경우가 많지요. '내 주변 사람들은 다들 1년에 한두 번씩 외국에 다녀오던데' 하는 분들은 자신의 소득 수준을 한번 생각해보시면 좋겠어요. 또 우리나라 같은 선진국이 아닌 저개발국의 사람들은 어떨까요? 국경을 접한

옆 나라를 열차나 버스로 오가는 거야 우리보다 편하겠지만 비행기를 이용해서 몇백만 원이 드는 여행을 가는 건 상류층만 가능합니다.

꼭 비행기를 타고 해외여행을 가는 것만 그럴까요? 전 세계 20% 이상의 고소득자—우리나라의 경우에도 상위 20% 정도가 되겠습니다—가 누리는 소비생활은 이미 지구 생태계의 허용 범위를 벗어났습니다. 겨울이 되면 스키를 타고, 여름이면 리조트를 이용하고, 철마다 잠시 여행을 다니는 삶. 다양한 가전제품이 완비된 부엌, 식기와 식품을 가득 쟁여놓은 팬트리, 사시사철 옷들이 죽 늘어선 드레스룸 정도는 있는 여유 있는 주거 공간. 스마트폰과 스마트워치, 태블릿을 갖춘 스마트한 삶. 전기차를 소유하고, 필요하면 택시를 탈 수 있는 이동 생활. 이미 누리고 있기 때문에 아주 자연스럽고 마치 당연한 권리처럼 생각됩니다. 그러나 다른 이들이 쓸 지구의 자원을 단지 소득이 있다는 이유로 뺏어 쓰는 건 아닐까요? 앞서의 부자 나라와 가난한 나라 사이의 대화를 우리 개인에게도 맞춰보면 좋겠습니다.

군축, 평화와 기후정의

기후위기로 사회 거의 모든 부문에서 난리가 났는데 홀로 여유만

만인 곳이 있습니다. 바로 군대입니다. 군대가 보유한 장비가 온실가스를 배출하는 양은 다른 부문보다 높다는 것도 지적해야겠지만 여기에도 차이가 있습니다. 미사일이나 전투기, 수송기, 헬리콥터, 잠수함 등 이른바 첨단 무기일수록 온실가스 배출량이 훨씬 더 많습니다. 이런 무기들은 또 만드는 비용도 많이 들고 유지 비용도 만만치 않으니 주로 선진국이 만들고 보유합니다. 미국, 중국, 러시아, 독일, 영국, 프랑스, 일본, 그리고 우리나라가 이런 무기를 만들고 또 보유한 대표적인 나라죠. 여기서도 부자 나라와 가난한 나라의 차이가 클 수밖에 없습니다.

그런데도 군사 부문의 온실가스 배출 노력은 별로 눈에 띄지 않습니다. 군대가 이렇게 여유를 부리는 데는 사실 미국의 책임이 큽니다. 기후위기 대응을 위한 첫 번째 협정이라고 할 수 있는 1997년 교토의정서 제정 때 미국 정부의 입김으로 군수시설은 이산화탄소 배출 의무에서 자동 면제되었기 때문이죠.

2015년 파리협정 때도 군사 부문의 온실가스 배출량 보고서는 자발적으로 제출하도록 정하게 됩니다. 군사비 지출이 가장 많은 우리나라를 포함한 20개 국가가 유엔기후변화협약UNFCCC에 보고한 군사 부문 항목이 있습니다. 이른바 1A5항목이죠. 그런데 이에 대한 유엔기후변화협약의 평가를 보면 모조리 '나쁘다poor'이거나 '아주 나쁘다very poor'입니다. 더구나 인도, 사우디아라비아, 일본, 이스라엘 등 8개 국가는 아예 보고도 하질 않고 있습니다. 즉 군대의 온실가스 발생에 대해 다들 손놓고 있다는 뜻이죠.

전 세계에서 국방예산이 가장 많은 곳은 미국입니다. 당연히 온실가스 발생량도 가장 많겠지요. 보스턴 대학의 네타 크로포드 교수가 조사한 바에 따르면, 미 국방부의 2017년 온실가스 배출량은 5900만 톤(CO2-eq)*으로 스웨덴이나 덴마크의 전체 온실가스 배출량보다 더 많습니다. 천조국다운 수치죠.

또 미국이 아프가니스탄 전쟁을 치른 2001년부터 2017년 동안 배출한 온실가스는 약 12억 톤입니다. 같은 기간 미국의 군수산업이 배출한 온실가스는 26억 톤으로 둘을 합하면 38억 톤에 해당합니다. 매년 2억 2000만 톤 정도를 배출한 거죠. 2017년 세계 7위였던 우리나라 온실가스 배출량이 대략 6억 톤쯤 됩니다. 당시 우리나라 배출량의 3분의 1 정도 되는 규모죠.

우리나라는 어떨까요? 2020년까지는 온실가스 배출량을 조사한 적도 없습니다. 첫 조사가 2021년이었죠. 그 결과 2020년 군사 부문 온실가스 배출량이 약 388만 톤이라고 발표했습니다. 어느 정도인지 감이 잘 오시질 않죠? 우리나라 중앙정부와 지방자치단체, 교육청, 기타 공공기관과 국공립대학 등을 모두 합친 공공 부문 전국 783개 기관의 2020년 총배출량이 370만 톤입니다. 국방부 하나가 나머지 공공 부문 전체보다 더 많은 이산화탄소를 내놓은 거죠.

---

* 다양한 온실가스 배출량을 등가의 이산화탄소양으로 환산한 것.

이런 사정은 미국이나 우리나라뿐만 아니라 전 세계적으로 어느 나라를 막론하고 대동소이합니다. 완전 깜깜이죠. 다만 대략적으로만 나온 수치긴 한데, 영국의 기후과학자 스튜어트 파킨슨 박사는 세계 온실가스 배출량의 최대 6%가 군사 관련인 것으로 추정합니다.

그리고 이 군사 관련 배출량에서 가장 많은 비율을 차지하는 건 역시 미국과 중국, 인도, 러시아 등입니다. 아래 그래프를 보면 잘 나타납니다. 우리나라를 포함한 상위 10개국이 전 세계 군사비 지

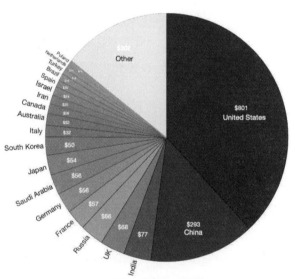

Total: $2.1 Trillion

1-4. 세계 주요 나라 군비 지출 비용(2021년)

출의 75%를 차지하지요. 물론 군사비 지출이 곧 온실가스 배출과 직접적으로 비례하는 것은 아니지만 비슷한 경향을 띨 수밖에 없습니다. 결국 군사 부문에서도 다른 곳과 비슷한 불평등이 나타나는 것이지요.

전쟁은 모든 측면에서 재앙입니다만 기후 문제에서도 마찬가지입니다. 현대 미군의 대표적인 수송 차량 험비Humvee는 일반 자동차에 비해 연비가 5분의 1밖에 되질 않습니다. 즉 주행하는 데만도 엄청난 석유를 소모하는 거지요. 탱크나 전투기는 말할 나위도 없습니다. 탱크가 한 대 다니면 일반 자동차 몇십 대가 다니는 만큼의 온실가스가 나오고, 전투기는 일반 자동차 몇백 대의 온실가스가 나옵니다.

그뿐이 아닙니다. 전쟁의 참상이야 말해 뭐하겠습니까만 폭탄에 의해 파괴된 삼림, 농경지, 산업시설 등은 기후위기 측면에서도 심각한 문제가 될 수밖에 없습니다. 황폐화된 토양에서는 이산화탄소 흡수 능력이 현저하게 감소되기도 합니다. 그리고 파괴된 시설을 복구하는 과정 또한 온실가스 발생을 부추깁니다. 여기에 유럽도 에너지 위기로 인해 기존 화석연료 사용을 줄이던 기세가 잠시 주춤해지고 있습니다. 또한 아직도 계속되고 있는 우크라이나 전쟁이 끝나더라도 기간시설과 주거지가 파괴된 우크라이나 입장에서는 기후위기에 대한 대응보다는 당장의 복구가 우선순위가 될 수밖에 없겠지요.

전쟁으로 발생하는 난민 문제도 있습니다. 당장 불이 필요한 이들은 주변의 삼림을 벌채할 수밖에 없습니다. 난민에게 제공되는 식량과 물, 피난처는 모두 탄소발자국이 큽니다. 난민에 대한 인도주의적 지원을 기후 문제 때문에 중단할 순 없는 노릇이지요.

하지만 전쟁은 어떤 이들에겐 새로운 비즈니스의 기회이기도 하지요. 당장 우크라이나 전쟁에서도 가장 큰 이익을 볼 이들은 미국과 서방의 군수산업체들입니다. 미국과 유럽이 몇십조 원의 군수 지원을 하고 있죠. 각종 무기들이 우크라이나로 향합니다. 그리고 빈 무기고를 다시 채웁니다. 러시아에도 마찬가지 상황이 벌어질 겁니다. 우크라이나 전쟁으로 100조 원이 넘는 매출이 추가로 발생하는 거지요. 물론 우리나라 군수산업체들도 K-방산이니 뭐니 하면서 난리도 아닙니다. 러시아 군수산업체에도 장기적으로 이익이 될 거고요. 결국 군사비 지출 상위 10개국의 군수업체들이 우크라이나 전쟁의 가장 큰 수혜자가 됩니다.

피해는 우크라이나가 뒤집어쓰고, 이익은 군수업체가 얻는 이런 불평등이 전쟁의 역사에선 항상 나타났지요. 코로나19 이후의 인플레이션과 공급망 붕괴 그리고 우크라이나 전쟁으로 인해 추가 소득을 올린 석유회사에 횡재세를 내게 해야 한다는 주장이 있습니다. 군수업체에게도 마찬가지로 횡재세를 내라고 해야겠습니다.

2021년 한 해 동안 전 세계가 지출한 군사비용은 2조 1000억 달러입니다. 우리 돈으로 약 2600조 원에 가까운 돈입니다. 그중에서 75%인 1조 5000억 달러를 쓴 게 상위 10개국이고요. 그런데 그 돈은 저개발국이 2030년까지 파리협약을 달성하기 위해서 필요한 돈과 거의 같습니다.

중국 함대가 남중국해를 돌아다니면 미군은 그에 대응해서 전투 편대를 날리고, 미국이 중국 부근에 병력과 기지를 늘리면 중국은 다시 항모를 만듭니다. 파키스탄과 인도도, 인도와 중국도, 이스라 엘과 사우디아라비아도, 서로 어떻게 군비를 축소시킬까를 고민하기보다는 군비 경쟁을 통해 상대를 꺾을 생각만 하고 있죠.

우리나라도 마찬가지입니다. 2022년 국방예산은 54.6조 원입니다만 탄소중립 예산은 그 4분의 1도 되질 않는 12조 원에 불과합니다. 군사 예산을 줄여 기후위기 극복에 써야 하는 건 우리나라도 마찬가지인 거죠.

나토의 미국과 유럽 군사 당국은 온실가스 저감을 위해 군용 차량을 전기차로 바꾸는 등의 노력을 하겠다고 합니다. 그들의 표현 대로라면 '포괄적인 기후 완화 및 지속가능성 계획'을 발표하겠다고 합니다. 세상에, 군대를 '지속가능하게' 하겠다니요. 해외 군사 기지를 '지속가능하게' 하겠다니요. 지속가능하도록 전 세계적 갈등을 계속 유지하겠다는 이야기와 별 다를 바가 없습니다.

중요한 것은 군용 차량을 줄이는 것이죠. 미사일을 줄이고, 핵을 없애고, 군 예산을 줄이는 것입니다. 물론 미국이나 중국에게 군사 예산을 줄여서 제3세계 기후위기를 극복하는 데에 쓰자고 해도 그

말을 듣지 않겠지만, 그렇다고 보고만 있을 순 없지요. 그래서 평화운동과 기후운동은 같이 가야 합니다. 그리고 이 둘은 한 나라에서만이 아니라 전 세계적 연대를 통해서만 이루어질 수 있습니다.

제2장

자본주의와 기후위기

기업이 만든 친환경 제품

저는 조금 모난 데가 있어서 그런지 삐딱하게 보는 경우가 왕왕 있습니다. 친환경 제품이 그렇습니다. 많은 경우 친환경 제품은 '이전의 다른 제품에 비해 조금 덜' 환경에 해롭다고 해석해야 하는 제품들이 많습니다. 가령 '종이빨대는 친환경적이다'라는 말을 정확히 정의하자면 '빨대를 쓰지 않는 것에 비해 종이빨대를 쓰는 것은 아주 많이 반反환경적이지만, 그래도 플라스틱 빨대에 비하면 조금 덜 반환경적이다'라고 할 수 있겠죠.

사실 빨대를 사용하지 않는 걸 제외하면 '친환경'은 존재하지 않습니다. 물론 빨대로밖에는 마실 수 없는 이들도 있으니 그런 경우는 예외로 해야겠습니다만, 빨대를 비롯한 일회용품의 경우 어떤 재질로 된 걸 쓰더라도 당연히 반환경적입니다. 아주, 아주, 아주 특별한 경우를 제외하면 일회용품 자체를 금지해야겠죠.

친환경 마크가 붙어 있는 화장품이나 세제, 비누 등의 제품도 마찬가지입니다. 이전의 다른 제품에 비해 조금 덜 반환경적인 경우가 대부분인데 이걸 친환경이라고 해야 할 이유를 모르겠습니다. 이런 제품들을 만드는 과정에서 발생하는 온실가스가 얼마나 되는지, 기존 제품 대비 얼마나 줄였는지를 밝히는 경우가 거의 없죠. 무슨무슨 성분 함유, 유기농 인증 등등 광고하기에 적합한 사실들만 열거하는 실정입니다.

옷도 마찬가지입니다. 새 옷을 사는 건 어떤 경우도 친환경적이지 않습니다. 그 재질이 공정무역으로 들여온 유기농 면이든 재생 폴리에스테르든 간에 새 옷을 구입하는 것이 환경에 도움을 주진 않습니다. 벗고 다닐 순 없으니 옷을 입을 수밖에 없지만요.

이처럼 공정무역, 유기농, 친환경 등의 딱지가 붙은 먹을거리나 입을거리에 대해 사실 찜찜함이 가시질 않습니다. 특히 대기업 제품에서 말이지요. 거짓말을 하는 건 아닐 겁니다만, 실제로는 말하지 않거나 또는 강조하는 말을 통해 속이는 모습이 허다합니다. 그 먹을거리, 입을거리를 만드는 동안 발생한 온실가스, 물발자국(상품을 사용, 폐기하는 데에 쓰이는 물의 양) 등을 따져보면 다른 제품 대신 저런 딱지가 붙은 제품을 사는 게 환경에 도움이 되진 않는다고 봐야겠죠.

사실 우리나라 평균 수준의 소비생활은 어떻게 해도 환경친화적일 수 없습니다. 그럼에도 기업이 친환경을 이야기하는 이유는 세 가지 정도라고 생각합니다.

　'우리 제품은 다른 회사 제품보다 더 친환경적'이라는 비교 홍보 수단이 되죠. '우리 회사는 이렇게 환경에도 신경을 쓴다'는 표시지요. 그리고 가격을 높여 이윤율을 올리는 수단이 되기도 합니다. '친환경이니까 다른 제품보다 한 20%쯤 비싸도 잘 사네.' '그냥 제품 파는 것보다 마진이 더 좋아.' 뭐 이런 속셈이지요. 마지막으로 이 제품을 쓰는 소비자들의 죄책감을 덜어줍니다. '이 제품을 사서 쓰면 조금 덜 미안해도 된다'고 안심시키는 거지요. 이건 생분해성 친환경 물티슈니까 마음껏 쓰세요. 이 옷은 공정무역으로 가져온 유기농 면으로 만들었으니 불편한 마음 갖지 마시고 사세요. 이런 식이죠.

　가장 친환경적인 건 사실 소비를 하지 않거나 꼭 필요한 물건은 서로 나누는 재사용이지요. 재사용을 하기에도 마땅치 않을 때에 재활용을 하는 거라 생각합니다. 기업의 친환경에 눈을 흘기는 이유입니다.

　또 하나 제 마음에 걸리는 건 친환경의 불평등입니다. 가끔 아내가 저녁 안주로 두부를 구워주면서 말합니다.

　"이거 국산 콩으로 만든 비싼 두부야. 그래서 그런지 아주 고소하고 맛나네. 한번 먹어봐."

두부를 사러 가면 대여섯 가지 다양한 제품의 두부들이 진열되어 있습니다. 판두부와 유기농 콩 팩두부는 가격이 두 배 정도 차이가 납니다. 어디 두부뿐인가요? 유기농 채소들과 유기농 콩나물, 유기농 쿠키, 무항생제 방사유정란, 공정무역 커피, 공정무역 초콜릿. 꼭 유기농 전문 매장을 가지 않더라도 유기농, 친환경, 공정무역을 타이틀로 내세운 식료품들이 넘쳐납니다.

하지만 아무나 저런 제품을 살 순 없지요. 일반 제품에 비해 훨씬 비싸니 그 가격을 감당할 여유가 있는 이들만 구입할 뿐입니다. 물론 연봉 1억이 되어야 살 수 있는 정도는 아닙니다. 대략 한 달에 저축 빼고 300만 원 정도 쓸 수 있으면 가능은 하지요. 또 모든 걸 유기농으로 살 건 아니고요.

하지만 저는 내내 걸립니다. 한 달 소득이 100만 원이 되질 않는 10%, 100만 원 간신히 넘어서지만 200만 원은 되질 않는 우리나라의 15%가 저런 제품을 살 수 있을까? 250만 원 정도의 소득에서 50만 원쯤 간신히 저축하는 15%가 선뜻 살 순 있을까? 결국 유기농, 공정무역, 친환경 제품을 소비할 수 있는 50%와 그러지 못하는 50%로 나누어져 있는 현실은 과연 공정한가? 뭐, 이런 생각입니다. 그나마 우리는 선진국이니까 대략 50%나 되는 거고, 조금 더 시야를 넓혀 전 세계를 보면 저 제품을 살 수 있는 이들은 불과 10%도 되질 않습니다.

물론 유기농으로 농사를 짓는 이들을 탓하는 건 아닙니다. 그분들은 나름대로의 신념을 가지고, 고된 노동으로 작물을 재배하지요. 가격이 비싼 것도 이해가 됩니다. 통계를 보면 유기농으로 재배하는 제품은 그렇지 않은 일반 농업(관행농업)에 비해 노동력이 두 배 정도 투입이 됩니다. 당연히 비쌀 수밖에 없습니다.

하지만 근본적 한계도 명확합니다. 전 세계 80억 명의 사람들이 먹을 곡물과 채소를 재배하려면 유기농으론 턱없이 부족합니다. 현재 전 세계에서 생산되는 곡물 중 50% 이상이 대규모 경작지에서 기계식 농업으로 재배되는데, 이를 모두 유기농으로 돌리려면 지금보다 농업 인구가 몇 배는 더 늘어나야 하고요. 또 전 세계적으로 곡물 가격이 오르면 당장 그 피해가 가장 가난한 사람들에게 돌아갈 겁니다. 그렇다고 새로 농경지를 개간하는 것 또한 환경을 생각하면 찬성할 수 없는 일이지요. 물론 기술적으로야 식물공장을 짓고, 대체육을 개발해서 기존의 초지와 가축용 사료를 재배하던 농지에서 곡물을 재배하는 등으로 바꿔나가면 가능은 합니다만, 쉽지 않은 일인 건 분명합니다.

어찌 되었건 가난한 이들이 누릴 수 없는 친환경은 제 마음에선 친환경이 아닙니다.

착한 기업은 없다

얼마 전 어느 도서관에서 강연이 있었습니다. 기후위기를 주제로 한 총 9회의 강연이었는데 제가 마지막 8, 9회 강연을 맡았습니다. 도서관에서 정한 8회 강연 제목은 '착한 기업, 착한 소비'였죠. 두 시간여의 강연 동안 제가 한 말을 간단히 요약하자면 '착한 기업 없다. 시민의 압박과 그로 인한 정부 정책이 착해 보이는 기업을 만들 뿐이다. 착한 소비 없다. 친환경이고 재활용 소재고 뭐고 다 소용 없다. 안 쓰는 게 가장 착한 소비, 남이 쓰던 거 물려받아 쓰는 게 가장 착한 소비다'입니다. 이 '착한 기업'에 대한 이야기를 해보도록 하겠습니다.

몇 년 전부터 ESG경영이라는 단어가 부쩍 자주 들려옵니다. 환경Environment. 사회Social, 지배구조Governance의 첫 글자를 딴 것인데, 기업 경영에서 지속가능성을 달성하기 위해 추구해야 할 목표 혹은 핵심요소라고들 합니다. 아마 착한 기업이라는 말과 가장 유사한 개념이라고 볼 수 있겠습니다. 이 중 사회와 지배구조야 다른 곳에서 할 말이 있겠고, 이 글에서는 환경만 떼어서 보죠.

우리나라 기업들이 환경에 관심을 가지기 시작한 건 1980년대~90년대쯤이 아닐까 합니다. 개별 기업으로 보면 그전에도 관심이 있는 기업이 없었던 건 아닙니다만, 주로 기업 소유주 개인의 관심사로 드러난 사례였을 뿐입니다. 그렇다 해도 기업이 자신의

'지속가능성'을 위해 환경을 생각하게 된 건 그 시점 즈음입니다.

그 이전에는 기업에서 상품을 제조하는 과정에서 어떤 오염이 발생하든 별 신경을 쓰지 않았지요. 정부도 별 관심이 없었고요. 8, 90년대가 돼서야 정부에서도 부쩍 환경에 대해서 신경을 쓰기 시작합니다. 전 세계적으로 번지기 시작한 환경운동의 영향을 받아 국내에서도 본격적인 환경운동이 시작된 시점이기도 합니다.

하지만 그 당시 기업의 입장은 대단히 소극적이었습니다. 언론에 기사화되고 시민단체가 요구하고 정부가 지적하는 부분에 대해서만 대응합니다. 그것도 대단히 느리게요. 어찌되었건 이런 과정을 통해 공장에서 발생하는 각종 오염물질이 조금씩이나마 줄고, 유해한 작업 환경도 조금씩 개선되고, 생산된 제품에 들어간 성분을 투명하게 밝히는 일에 대해 '혹시 문제가 되면 큰일나겠다' 싶은 것들 위주로 개선이 됩니다.

21세기가 되면서 이제 이 정도의 대응으로는 어림도 없는 환경이 일부에서나마 조성됩니다. 정부에서도 기업에 더 엄격한 규제를 가하고, 기업 입장에서는 '큰일'이 아니라도 자신들의 기업 이미지에 훼손이 갈 수 있는 사항은 개선하는 게 낫겠다는 인식을 가지게 됩니다. 문제가 생기고 나서 뒤늦게 처리하기보다 미리 알아서 대처하는 걸로 바뀝니다. 기업적 용어로 이야기하자면 기업의 환경 관련 문제에 대한 '위기관리' 능력이 중요해진 것이죠. 그러면서 이런 대응을 마케팅과 기업 이미지 홍보에도 활용하기 시작합니다. 기업의 사회적 책임을 다하고 있다는 식으로 말입니다. 물론 대기업과 소비재기업을 중심으로 조금씩 변화된 대응을 보여줬을 뿐입니다. 소비자를 상대하지 않는 기업이나 중소기업은 여전히 정부 규제만 따르든가, 그마저도 벌금 조금 내는 정도의 크게 문제되지 않는 사안이라면 그냥 어기고 넘어가는 모습이 현재도 여전합니다.

그러다가 기후위기가 워낙 커다란 문제가 되면서 이에 대한 대응이 기업 입장에서도 불가피해졌습니다. ESG 경영에서 'E'가 제일 앞에 나오는 이유지요. 하다못해 주식 투자를 하는 회사들도 ESG를 살펴보겠다고 하고, 아예 ESG를 중심으로 투자하겠다는 곳도 생기더군요.

그런데 환경 그리고 기후위기 대응에 진심이라고 느껴지는 기업 혹은 인물이 과연 그런지에 대해서는 의문이 듭니다. 우리나라에서 ESG에 진심인 걸로는 SK그룹이 대표적입니다. 총수인 최태원 회장은 ESG 하면 가장 먼저 떠오르는 국내 기업인이죠. 그 SK에너지에서 2021년 11월부터 '탄소중립 석유'를 판매하고 있습니다. 리터당 12원만 더 내면 친환경 운전을 할 수 있다는 거죠. 아니, 석유인데? 뽑아올릴 때도 온실가스가 나오고, 운반할 때도 나오고, 내가 연료탱크에 채워넣고 운전할 때도 온실가스가 나오는 석유인데 탄소중립이라고? 회사에서는 판매량만큼 탄소배출권을 구매한다고 설명합니다. 즉 다른 기업이 나무를 심거나 재생에너지를 사용해서 온실가스를 감축한 대가로 받은 배출권을 돈을 주고 샀다는 이야기죠.

그런데 리터당 12원이면 과연 그만큼의 석유를 소비한 만큼 온실가스를 줄인 효과가 나는 걸까요? 자동차가 주행할 때 평균 탄소 배출량은 휘발유 1리터당 0.59kg 정도입니다. 리터당 12원이니 탄소 1톤에 SK에너지가 지불하는 가격은 2만 원 정도 됩니다. 그런데 우리나라 배출권 가격은 1톤에 3만 원이고 유럽연합은 9만 원 조금 안 되죠.* 우리나라 배출권 가격으로 계산하더라도 3분의 2밖에 되질 않습니다. 온실가스를 줄인 건 맞는데 3분의 2만 줄이고 3분의 1은 배출한 셈입니다. '온실가스 저감'이라고 했다면 그래도 봐줄 여지가 있지만 '탄소중립'이라는 이름을 붙이기엔 턱도 없습니다.

더구나 탄소배출권 중에는 무상 할당된 것도 있습니다. 이런 경우 실제 온실가스를 줄인 결과로 얻은 게 아니죠. 또 탄소배출권을 샀다고 온실가스가 상쇄되는 것도 아닙니다. 가령 어떤 기업이 나무를 심고 탄소배출권을 얻었고, 다른 기업이 이 배출권을 사서 탄소중립 휘발유라고 팔았다는 아주 최선의 경우를 생각해보죠. 이 경우라도 차가 뱉어낸 온실가스가 어디론가 사라질까요? 이미 뱉

---

* '석유 써도 온실가스 제로? 기업들, 근거는 공개 안 한다', 『한국일보』 2022년 3월 9일 자. https://www.hankookilbo.com/News/Read/A2022030714280004169

어낸 온실가스는 몇백 년이고 대기 중에 머뭅니다. 그리고 심은 나무가 이 온실가스를 흡수하려면 한참이 걸리지요. 결국 몇십 년이 걸려야 상쇄되는 거죠. 그것도 아주 최선의 조건에서요.

사실 SK에너지만 이런 건 아닙니다. 포스코가 2021년 독일기업 RWE로부터 탄소중립 액화천연가스(LNG)를 들여왔고, GS에너지도 2019년 다국적 에너지기업 로열더치셸(이하 셸)에서 '탄소중립'LNG를 들여왔죠. 그러면서 온갖 광고는 다했습니다. 그런데 이들이 들여온 탄소중립LNG를 판 회사들은 자기들이 얼마만큼 배출권을 샀는지, 누구로부터 샀는지, 그 배출권은 어떤 결과로 얻은 건지를 하나도 밝히지 않습니다. 이래서야 눈 가리고 아웅이 아니고 뭐겠습니까?

이 일의 원조는 세계 석유시장 2대 기업 중 하나인 셸입니다. 2019년에 '탄소중립' 석유를 팔기 시작했지요. 하지만 이런 문제가 있기 때문에 네덜란드 정부는 셸의 광고를 중단시킵니다. 거짓말 하지 말라는 거죠.

현대오일뱅크는 2021년에 '2050년까지 탄소 배출을 현 수준의 70%로 감축하는 탄소중립 그린성장'을 선언합니다. 그런데요, 저 말이 이해가 되십니까? 현재보다 약 30% 탄소 발생량을 줄이고 나머지는 계속 내뿜겠다는 것이 어떻게 탄소중립이 되겠습니까? 탄소중립 제품을 구글에서 검색해보면 기도 차지 않습니다. 앞서 이야기했던 'SK에너지 탄소중립 석유제품', LGU+재활용 플라스틱으로 만든 '탄소중립 리모컨' 보급, 탄소중립 윤활유 등 탄소중립과 거리가 먼 제품들이 버젓이 나옵니다. 그뿐이 아니죠. 기업들이 앞다투어 발표하는 2050 탄소중립 로드맵을 보면 지금 당장 할 수 있는 일들도 제대로 하지 않으면서 먼 미래에 뭔가 하겠다는 이야기로 가득 차 있습니다.

정부나 지자체는 녹색기업이라고 지정해주며 돕기까지 합니다. 2021년까지 녹색기업으로 지정된 기업은 115곳인데 화력발전소가 8곳이나 됩니다. 그중에는 동해바이오화력본부라는 이름의 석탄화력발전소도 있습니다. 어떻게 가능한 걸까요? 녹색기업을 평가하는 기준이 주로 먼지나 황산화물 등 대기오염물질과 폐수의 수질평가가 주를 이루기 때문입니다. 거기다 사내 녹색환경교육을 하거나 전담조직을 구축해서 '성의'를 보이면 됩니다.

『한국일보』의 '그린워싱 탐정' 시리즈에 따르면, 녹색기업에 지정된 후로 오히려 온실가스 발생량은 더 늘었습니다. 세상에, 화력발전소에 '녹색'을 붙이다니 상상이나 할 수 있는 일일까요? 이러다 보니 석탄화력발전을 하는 회사들은 '친환경발전소'라고 스스로 이름을 붙이고 있습니다. '삼척블루파워는 국내 최고의 환경친화적 명품 발전소', '강릉에코파워는 국내 최대의 친환경 발전소' 이런 식으로 말이지요. 그냥 '깨끗한 똥'이라고나 할까요? 기업에게 온실가스 감축을 알아서 하라고 맡길 수 없는 이유입니다.

1년에 800억 벌의 옷이 만들어지는 이유

2022년 10월 유럽의회는 휴대폰 등 전자기기의 충전용 포트를 USB-C타입으로 통일하기로 합의했습니다. 독자적인 규격을 강요했던 애플은 유럽에 자기 제품을 팔려면 이제 다른 회사와 동일하게 C타입 충전기를 써야 할 지경이 되었죠. 애플 제품을 쓰기 위해 추가로 충전기를 사야 했던 이들에게는 조금 부담이 덜어지는 효과가 있습니다. 그런데 저는 뉴스를 보면서 예전 휴대폰 생각이 났습니다. 배터리가 닳으면 다른 배터리로 갈아끼우는 게 가능했던 휴대폰들이었죠. 그땐 여분의 배터리를 하나 더 가지고 다녔죠. 배터리용 충전기도 따로 있었고요.

그런데 어느 날부터 휴대폰 배터리를 갈아끼울 수가 없게 되었습니다. 일체형 배터리 구조로 바뀌었기 때문입니다. 이것도 애플의 아이폰이 시작이었습니다만 이제 선택 가능한 거의 모든 스마트폰은 일체형입니다. 단순히 배터리 교체가 불가능한 것이 아니라 기존 배터리 성능이 나빠져도 내가 교체할 수가 없습니다. 새 휴대폰을 사든가 아니면 제조사의 서비스센터에 가서 교체를 해야 합니다.

사용자 입장에서는 불편하고 또 비용도 더 들지요. 그런데 이런 식으로 구조를 바꾼 이유에 대해 기업에서는 디자인 문제나 방수 지원, 고용량 배터리 사용, 안정성 등의 이유를 들고 있습니다. 하지만 사실 가장 큰 이유가 수익성 때문인 건 모두 알고 있습니다. 배터리 수명이 다하는 시기는 개인별로 차이가 있긴 하지만 대략 2년에서 3년 정도입니다.

이제 배터리를 교체할지 아니면 신형 휴대폰을 구입할지 고민하게 되는데, 마침 2년 주기의 약정도 끝났고 신형 제품 광고도 하니 이 참에 새 걸로 갈아타는 경우가 많지요. 우리나라의 경우 휴대폰 시장은 이미 포화상태이다 보니 구형 휴대폰을 새 걸로 교체하는 것이 가장 큰 시장이 됩니다. 휴대폰 제조회사는 새 걸 팔아서 좋고 휴대폰 서비스회사는 약정을 미끼로 더 비싼 요금제를 한시적이나마 이용하게 할 수 있어서 좋죠.

기업 입장에서는 어떻게든 소비자가 새로운 제품을 구매하게 만들어야 하니 갖가지 방법을 쓰는데, 문제는 한 10년 사용해도 될 제품을 2~3년에 한 번씩 새 제품으로 교체하게 만든다는 겁니다. 소비자 입장에서는 더 많은 비용을 지불하게 되고, 기후위기의 측면에서 봐도 정말 나쁜 행태인 거죠.

이런 방식을 '계획된 진부화 혹은 노후화planned obsolescence'라고 합니다. 계획된 노후화의 대표적인 예는 제품을 의도적으로 부실하게 만드는 겁니다. 역사도 오래되었습니다. 1920년대에 전구회사들은 한 번 사면 약 2500시간 쓸 수 있었던 이전의 전구 제품 대신 1000시간이면 수명이 다하는 전구를 만듭니다. 소비자는 당연히 더 오래가는 전구를 사고 싶었죠. 하지만 전구회사들은 담합을 해서 수명이 짧은 전구만 생산했습니다. 선택의 여지가 없었습니다. 서너 회사가 시장을 독점하거나 과점하는 경우에 주로 나타납니다. 장난감도 마찬가지입니다. 보통 우린 아이들이 장난감을 험하게 다뤄서 부서진다고 생각하지만 사실은 다릅니다. 기업이 애초에 쉽게 부서지게 만들기 때문이죠.

두 번째로 새로운 모델을 만들면서 이전 제품과 호환이 되질 않게 만드는 방법입니다. 윈도 같은 컴퓨터 운영체제나 안드로이드 같은 휴대폰 운영체제는 일정한 시기마다 새로운 버전이 나옵니다. 이전 버전을 쓰던 휴대폰은 새 버전으로 교체해야 하는데 이게 거의 강제적입니다. 이전 버전의 보안을 더이상 보장하지 않는다든가 호환이 제대로 되지 않게 만들죠. 그리고 새 버전은 휴대폰에 더 높은 성능을 요구합니다. 안드로이드를 제공하는 구글과 휴대폰을 만드는 제조업체, 그리고 서비스를 제공하는 통신회사들의 이해관계가 딱 들어맞기 때문이죠. 그래서 잘 쓰고 있던 휴대폰을 버리고 새 제품을 사게 만듭니다.

세 번째로 수리를 어렵게 만드는 겁니다. 아이폰이 대표적인 사례입니다. 아이폰을 열어서 직접 배터리를 교체하려고 시도해보신 적이 있나요? 일단 장비가 없어서 못합니다. 애플만의 독자적인 규격의 드라이버를 사용해야 되기 때문이죠. 그리고 뒤판을 여는 게 아니라 액정을 들어내야 하게끔 만들었는데 이 과정도 만만치 않습니다. 충전 케이블도 약하게 만들어 잘못하면 끊어지죠. 설계 목적이 더 튼튼한 휴대폰을 만드는 게 아니라 쉽게 수리하기 힘들게 만드는 것처럼 느껴집니다. 거기다 자기네 서비스센터가 아닌 곳에서 수리를 하면 이후 수리를 거부하는 모습을 보이기도 합니다. 물론 애플만 그런 게 아니라 꽤 많은 전자제품이나 기계, 자동차 회사 등이 이런 모습을 보입니다. 거기다 이전 모델을 수리하는 데에 필요한 부품도 일정 기간이 지나면 갖춰놓질 않습니다. 수리를 어렵게 만들고, 수리 과정을 자신들의 통제 아래 두고, 새 제품을 계속 강매하겠다는 거죠. 말이 되질 않습니다.

네 번째로 이전에 구매했던 제품이 진부하다고 심리적으로 느끼게 만드는 방법입니다. 매년 전해보다 화면이 조금 더 커지고, 카메라 픽셀 수가 더 많아지고, 기타 자잘한 성능이 더 많아지고 좋아진 새 휴대폰이 나옵니다. '혁신'이란 이름은 이제 더이상 혁신적이지 않을 정도죠. 그리고 그런 제품을 산다고 소비자가 '혁신'적이 되지도 않지만 말이지요. 매년 새로운 제품을 발표하는 건 휴대폰뿐만이 아닙니다. 자동차도 모니터도 냉장고도 어떻게든 이전과 다른 제품을 만들어 기존 제품에 대해 지루하고 낡았다고 느끼게 만들죠.

이런 '계획된 진부화'가 이루어진 결과, 기업들은 지난 10여 년 사이에 130억 개의 스마트폰을 판매할 수 있었습니다. 80억 명의 인류가 평균 1.6대 정도 산 거죠. 아직 스마트폰이 없는 30억 명을 제외한 50억 명으로 계산하면 한 명당 2.6대씩 산 거고요. 대신 같은 기간 100억 개의 스마트폰이 버려졌습니다.

기업에서 새로운 유행을 만들어내면서 진부하다고 느끼게 하는 계획적인 시도들로는 패스트패션도 있습니다. 패스트패션 업체는 한 해 800억 벌의 옷을 만듭니다. 80억 명인 인류 전체가 10벌씩 입을 양이죠. 사람들은 이전보다 더 많은 옷을 사지만 그 옷을 보관하는 기간은 절반으로 줄어듭니다. 그리고 매년 전체 판매되는 옷의 85%에 해당하는 옷이 버려집니다.[*] 그렇게 버려지는 옷 중에는 아예 팔리지 않은 옷들도 부지기수입니다.

흔히 환경을 꽤나 생각한다는 기업들인 애플, 구글 등이 이런 대열에 합류해 있습니다. 제가 기업을 믿지 못하는 이유입니다. 어쩌면 자본주의 사회에서 기업이 자신의 이윤 추구에 몰두하면 당연히 일어날 일입니다. 결국 이 부분에 대해선 대책이 명확합니다. 기업 스스로 못하면 시민이 그리고 사회와 정부가 규제를 해야죠.

유럽연합은 2022년 3월 소비자 권리 지침을 개정했습니다. 이에 따르면 기업은 제품이 얼마나 오래 지속되도록 설계되어 있는지, 수리가 가능하다면 어떻게 수리할 수 있는지를 소비자에게 알려야 합니다. 사실 너무 당연한 일인데 이제까지 기업이 죽자고 하지 않았던 것이기도 합니다.

---

[*] Bloomberg, 'The Global Glut of Clothing Is an Environmental Crisis', 2022년 2월 23일자. https://www.bloomberg.com/graphics/2022-fashion-industry-environmental-impact/?leadSource=uverify%20wall

프랑스의 경우 2021년부터 제품을 판매할 때 수리가능성 지수를 표기해야 합니다. 프랑스 생태전환부가 정한 가이드라인에 따라 할당한 점수로, 소비자가 고장난 제품을 수리할 때 얼마나 쉬운지를 미리 알리는 거죠. 현재 스마트폰, 노트북, 텔레비전 등 9개 제품이 포함되어 있습니다. 가령 애플의 아이폰13은 수리가능성 지수로 6.2의 낮은 점수를 받은 반면, 삼성 갤럭시 S21은 8.2의 비교적 높은 점수를 받았습니다.

더 많은 소비는 더 많은 폐기물을 만들고 더 많은 온실가스를 만들 뿐입니다. 재사용도 재활용도 필요하지만 더 중요한 것은 한번 만든 제품, 한번 산 제품을 더 오래 사용하는 일입니다.

탄소중립 기업이 되려는 멀고 먼 계획

포스코는 포항과 광양에 일관제철소가 있는 철강회사입니다. 포항에 4기, 광양에 5기의 고로(용광로)를 운영하고 있습니다. 간단하게 말하자면 철광석을 제련해서 철강제품을 만드는 회사로, 2022년 현재 국내 3800만 톤, 해외 생산분을 합쳐 4200~4300만 톤의 철강을 만들 수 있는 세계 6위의 철강회사입니다.

이런 포스코가 국내에서 1위를 하는 게 있습니다. 바로 이산화탄소 발생량입니다. 포스코가 한 해 뿜어내는 이산화탄소는 국내 총 이산화탄소 발생량의 10%에 해당합니다. 회사 하나가 만들어 내는 양으로 보면 무지막지하죠.

포스코에서 이렇게 많은 이산화탄소가 나오는 것은 고로의 방식 때문입니다. 철광석은 철과 산소가 결합된 형태입니다. 우리가 쓰는 철이 되려면 여기서 산소를 떼어내야 하지요. 이 작업을 하는 곳이 고로입니다. 간단히 설명하자면 고로 위쪽에 철광석과 석탄을 가공한 코크스를 켜켜이 쌓습니다. 그리고 아래에서 뜨거운 열을 뿜어올리지요. 이렇게 산소가 부족한 상황이 되면 켜켜이 쌓인 코크스의 탄소가 타면서 일산화탄소가 발생합니다. 코크스가 타면서 온도가 더 높아지면 철광석은 녹아 쇳물이 되지요. 이때 일산화탄소가 녹아 액체 상태로 있는 철광석의 산소와 결합하면서 철로부터 떼어내는 방식입니다. 일산화탄소가 산소와 결합하면 당연히 이산화탄소가 발생합니다. 결국 고로에서 석탄이 원료와 연료로 쓰이면서 이산화탄소가 대량으로 만들어지게 되는 거지요. 이는 포스코만의 방식이 아니라 전 세계적으로 대부분의 철강회사들이 사용하는 방식입니다.

포스코에서 발생하는 이산화탄소를 줄이는 방법은 두 가지입니다. 하나는 철강 생산량을 줄이는 것이고, 다른 하나는 생산 방법을 바꾸는 것이죠. 철강 생산량을 줄이는 건 포스코도 반기지 않을 터지만 우리 산업구조에서도 쉽게 고를 수 있는 선택지가 아닙니다. 철의 재활용률이 90% 이상이니 재활용률을 더 높이는 데에도 한계가 있을 수밖에 없고요.

결국 제련 방식을 바꿔야 하는데 현재 대안은 거의 유일하게 수소환원제철입니다. 원리를 간단히 설명하자면 철광석을 '전기'에너지로 녹이고, 산소를 떼어내는 데에 코크스 대신 수소를 이용하는 겁니다. 이론적으로 이산화탄소 발생량을 0으로 줄일 수 있는 방식이지요.

하지만 여기에는 전제가 있습니다. '전기'를 어떻게 만드느냐는 거지요. 화력발전소에서 만든 전기를 사용하면 그 비율은 줄겠지만 이산화탄소가 발생하는 건 매한가지입니다. 전기를 만드는 방식 또한 재생에너지를 이용한 발전이 되어야 이산화탄소 발생량을 최소한으로 억제할 수 있습니다.

역시 마찬가지로 '수소'를 어떻게 만드는가도 관건입니다. 현재 가장 많이 사용되고 있는 방식이 천연가스에서 수소를 뽑아내는 것인데, 이를 천연가스 개질reforming 방식이라고 합니다. 천연가스의 주성분인 메탄(CH_4)을 고온의 수증기와 반응시키면 수소가 만들어집니다. 그런데 이때 이산화탄소도 같이 발생합니다. 결국 이런 방식의 수소를 쓰는 건 '눈 가리고 아웅'인 셈이지요. 정말 친환경적으로 수소를 만들려면 재생에너지 발전으로 만든 전기로 물을 전기분해하는 '수전해' 방식이어야 합니다. 이런 수소가 안정적으로 공급될 기반을 만드는 것 또한 핵심적인 사안입니다.

결국 포스코가 수소환원제철 방식을 선택하더라도 이산화탄소 발생량이 0이 되려면 안정적으로 공급할 수 있는 재생에너지를 이용한 발전 방식(결국 태양광이나 풍력발전이 되겠지요)이 확보되고, 마찬가지로 재생에너지를 이용한 수전해 방식으로 만들어진 수소를 안정적으로 공급받을 수 있어야 합니다.

그런데 이런 기반이 갖추어지더라도 문제는 남습니다. 현재의 고로는 수소환원제철 방식을 쓸 수 없습니다. 즉 지금 사용하는 고로를 모두 허물고 새로 '수소유동환원로'를 만들어야 합니다. 포스코가 가지고 있는 고로 9기 모두의 교체 비용은 약 30~40조 원 들 것으로 예상하고 있습니다. 어마어마하지요.

더구나 포스코가 비교적 신생기업이라는 점이 또 문제입니다. 유럽과 미국의 제철회사들은 포스코보다 오래된 곳들이 많습니다. 이들이 만든 고로는 비교적 크기도 작고 또 오래된 것들이지요. 따라서 이미 감가상각이 끝난 것들이 많고 남아 있더라도 그 비용이 크지 않습니다. 반면 포스코는 규모도 크고 감가상각이 끝나려면 한참 남은 고로들입니다. 예를 들어, 10년 타겠다고 산 소형차를 9년쯤 탄 것이 유럽과 미국이라면 10년 타겠다고 산 대형차를 3~4년 탄 것이 포스코인 거지요. 새 차로 교체해야 한다면 유럽과 미국은 별 문제가 없겠지만 포스코 입장에선 엄청 억울할 수밖에요.

물론 지금껏 뱉어낸 이산화탄소를 생각하면 포스코보고 니들이 어떻게 하든 다 해결하라고 이야기하고 싶지만 실제 그렇게 되긴 쉽지 않지요. 포스코는 2021년 연간 순이익이 6조 원이 넘는 잘나가는 대기업이니, 현재도 쌓고 있을 감가상각액과 순이익의 일부를 통해 교체 비용을 충당하는 것이 문제는 아닐 터입니다. 문제는 포스코가 독점기업이 아니라는 점이지요. 세계에서 다른 철강회사들과 경쟁하고 있는 중에 수소환원제철에 들어가는 비용은 고스란히 원가 상승분이 되고 이는 경쟁력을 낮추는 원인이 될 수밖에 없기 때문에, 포스코에 알아서 하라고 모든 걸 맡기기는 힘듭니다. 따라서 전 세계 차원에서 제철산업 전반에 수소환원제철 방식을 강제할 압력을 행사해야 한다는 것이지요.

이와 관련한 움직임 또한 이미 존재하고 있습니다만 너무 약하고 느리다고 저는 생각합니다. 그래서 포스코도 수소환원제철로 가겠다고 말은 하지만 그 스케줄은 아주 느리다고밖에는 말할 수 없습니다. 마치 천장에 물이 새니 장마 닥치기 전에 고쳐달라고 집주인에게 말을 했는데, 집주인이 당장은 어려우니 장마나 지나고 고치자고 하는 거랑 다름이 없지요.

RE100

2021년 대통령선거 후보자 토론회에서 'RE100'이 화제가 되었죠. 재생에너지renewable energy 100%를 줄인 말입니다. 기업이 자신의 경제활동에 필요한 전력을 100% 재생에너지로 전환하겠다는 거죠. 꽤 많은 대기업들이 이 RE100 대열에 동참하고 있습니다. 그리고 자신들과 밸류체인으로 엮인 다른 기업에도 이를 권유 혹은 강요하고 있지요.

2014년 영국의 비영리단체 더클라이밋그룹이 시작했고 지금도 주도하고 있습니다. 애플, 구글, GM, BMW, IKEA 등 2022년 4월 기준 367곳이 동참했습니다. 국내에선 현대자동차 계열사와 SK그룹, 삼성전자 등 2022년 7월 기준으로 21곳이 가입했습니다. 꽤 거센 물결인 것이 전 세계적으로 한 달에 7개 기업이 늘어나는 추세라고 합니다.

자발적인 참여긴 하지만 가입하려면 매년 이행 성과를 보고하고 외부 기관인 CDP가 이 이행 과정을 추적합니다. 즉 기업 혼자 선언한다고 되는 게 아니라 더클라이밋그룹에 가입 신청을 하고 자격 심사를 받아 결정되면 매년 보고도 하고 확인도 한다는 거죠.

성과도 없지 않습니다. 현재 61개 기업이 95%까지 전환을 이루어냈습니다. 그 기한도 2050년이 아니라 더 당겨서 이루겠다는 기업들도 있고요. 재생에너지로 전력을 공급하겠다는 의지가 없지 않아 보입니다.

일단 RE100을 이루는 방법은 크게 두 가지입니다. 하나는 재생에너지로 만들어진 전력을 공급받는 거고, 다른 하나는 재생에너지 발전사로부터 일종의 쿠폰(인증서REC)을 사는 겁니다. 이미

RE100을 달성했다는 구글을 통해 한번 살펴보도록 하지요.

구글은 재생에너지 발전기업에서 전력과 쿠폰 둘 다 삽니다. 그리고 실제로 전력을 사용하는 구글 데이터센터에 이걸 팔죠. 하지만 구글 데이터센터는 재생에너지 기업으로부터 직접 전기를 공급받을 순 없습니다. 발전회사에서 만들어진 전기는 전력회사의 송배전망(GRID)을 통해 공급되니까요. 구글이 재생에너지 발전회사에서 산 전기도 일단 이 송배전망으로 들어갑니다. 그리고 이 송배전망에는 다른 화력발전소나 원자력발전소의 전기도 들어가겠죠. 이 전기들이 섞여 구글의 데이터센터에 공급됩니다.

'아니, 그게 뭐야'라고 하실 수 있습니다. 하지만 이런 방식은 의미가 있습니다. 먼저 구글은 재생에너지 발전회사에서 산 전기를 송배전망에 공급합니다. 따라서 구글의 돈으로 송배전망에 재생에너지 전기가 공급되는 거죠. 구글에 의해 공급된 재생에너지 전기는 구글만 사용하는 게 아니라 송배전망에 연결된 사용자들이 골고루 사용하니 의미가 없다고 할 순 없습니다.

둘째, 구글이 재생에너지 발전회사에서 구매한 신재생에너지 인증서(REC)는 일종의 보조금 역할을 합니다. 발전회사는 전기를 만들어 파는 걸로 돈을 법니다. 그런데 태양광이나 풍력발전에 뛰어들려면 이게 돈이 돼야 하는데 발전 원가가 비싸니 판매가격도 비싸야 수지가 맞습니다. 하지만 이를 사는 송배전망 회사들은 화력이나 원자력발전소에 주는 돈보다 비싸게 살 이유가 없지요. 그러니 재생에너지 발전회사도 다른 발전소와 비슷한 가격에 전기를 팔아야 합니다.

그렇다면 여기에 뭔가 손해나는 부분을 벌충해줘야겠지요. 그런데 이를 정부에서 보조하자면 한도 끝도 없을 것 같은 겁니다. 거기서 나온 묘안이 신재생에너지 인증서를 시장에서 사고팔 수 있게 만든 거죠. 재생에너지 발전회사는 자기네가 생산한 만큼 돈을 받고 인증서를 팔아 이익을 취하죠. 전기를 만들어 팔아 수익을 얻고 또 REC를 팔아 수익을 얻으니 재생에너지 발전회사는 그만큼 수익이 커집니다. 이렇게 재생에너지 발전산업의 수익이 커지면 당연히 이쪽에 투자하려는 사람들이 많아지고 자연히 재생에너지 전력 공급이 늘어나게 된다는 거죠. 참으로 자본주의'스러운' 모습이죠.

이를 사는 기업은 여럿 있습니다. 구글이나 애플처럼 이를 사서 자신의 전력이 100% 신재생에너지로 만들어졌다고 자랑(?)하는 경우도 있고, 우리나라의 경우 발전회사들에서도 사게 됩니다. 우리나라의 대규모 발전회사들은 발전 용량의 일정 부분을 신재생에너지로 채워야 하는데 그것이 채워지지 않을 경우 이 REC를 사는 거죠.

또 나라마다 조금씩 다르긴 하지만 기업마다 탄소배출권이라는 게 있습니다. 즉 '당신네 기업이 1년간 배출할 수 있는 이산화탄소는 100만 톤이다'라고 정해지면 이산화탄소 발생량이 그를 넘기면 안 되는 거죠. 그런데 이를 넘기는 경우가 다반사라서 이런 기업들도 탄소배출권을 사는데, 이때 이 REC를 사기도 합니다.

하지만 구글의 경우, 전기도 사고 REC도 사는 방식에서 점차 전력만 사서 RE100을 이루는 방식으로 전환할 것이라고 하지요. 사실 REC 구매는 간접적인 방법이고 가장 좋은 건 재생에너지 발전회사에서 전기를 직접 사오거나 재생에너지 발전을 직접 하는 거죠. 그래서 외국의 많은 기업들이 REC 구매에서 점차 발전소로부터 전력을 직접 공급받는 전력수급계약(PPA)을 맺는 걸로 바꾸고 있습니다. 발전소 입장에서는 기업이라는 안정적인 전기 구매처가 생기니 좋고, 기업 입장에서도 발전소와 장기간 계약을 맺어 전기 요금 상승을 억제하면서 안정적인 재생에너지를 공급받으니 좋습니다. 이렇게 재생에너지 발전회사에서 전력을 직접 구매하게 되면 RE100을 위해 REC를 별도로 구매할 필요도 없습니다. 삼성전자의 경우도 해외 공장은 REC 구매에서 전력수급계약을 직접 체결하는 방식으로 바꾸고 있습니다.

그런데 우리나라 기업의 경우 이 RE100을 이루는 게 생각보다 쉽질 않습니다. 그 이유는 우리나라 전력시장의 문제이기도 하지요. 일단 삼성전자의 예를 보시죠. 삼성전자는 우리나라의 대표적인 글로벌 기업입니다. 공장이 세계 곳곳에 있지요. 그런데 희한한 일입니다. 삼성전자의 '2022년 지속가능 경영 보고서'에 따르면 삼성전자가 2021년에 사용한 전력은 약 3만 기가와트시$_{GWh}$입니다. 우리나라 연간 총 전력 사용량의 7%쯤 되는 엄청난 양이지요. 그중 재생에너지 전력은 5000GWh로 전체의 5분의 1 정도입니다. 그런데 유럽과 미국, 중국에 있는 사업장들은 전력의 100%를 재생에너지로 사용합니다. 브라질·멕시코에 있는 사업장도 2021년 재생에너지 사용률이 2020년에 비해 각각 94%, 71% 증가했습니다.[*] 문제는 국내 사업장입니다. 국내 삼성전자 전력 사용량은 1만 8410GWh인데 재생에너지 사용량은 불과 500GWh입니다. 국내 사용량의 3%밖에 되질 않습니다.

바로 이게 삼성전자가 RE100 가입을 2022년 후반기가 돼서야 하게 된 이유입니다. 삼성전자의 전력 사용량 중 국내 비중은 절반이 넘습니다. 약 60%쯤 되지요. 그런데 국내 전력을 재생에너지로 돌리는 게 워낙 어려워서 RE100 선언을 하지 못했던 거지요.

그럼 왜 우리나라에선 외국보다 재생에너지 사용이 어려운 걸까요? 가장 큰 이유는 국내 재생에너지 전력 생산량이 너무 적기 때문입니다. 재생에너지가 자국 전력에서 차지하는 비율은 전 세계 평균이 약 10%고 미국이나 유럽은 이보다 더 높습니다. 하지만 우리나라에서 대규모로 재생에너지 사업을 하는 사업자(민간도 있고

---

[*] "'미·유럽선 100%' 삼성전자, 국내 재생에너지 비중 3% 왜?", 『경향신문』 2022년 7월 3일자. https://www.khan.co.kr/economy/economy-general/article/202207032122005/?utm_campaign=rss_btn_click&utm_source=khan_rss&utm_medium=rss&utm_content=total_news

공기업도 있습니다)가 전체 전력 생산에서 차지하는 비중은 아직 5%가 채 되질 않습니다. 그런데 삼성전자 한 곳만 하더라도 우리나라 총 전력의 5% 가까이를 소비합니다. 그러니 사오고 싶어도 사올 곳이 없는 거지요. 재생에너지 발전이 더 빠르게 확대되어야 하는 또 하나의 이유기도 합니다.

제3장

대안이 되기에는 힘든,
혹은 대안의 일부

핵 쓰레기 처리장은 수도권에

2022년 8월 31일 서울시는 마포구 상암동의 쓰레기 소각장(자원회수시설)을 철거하고 그 부지에 새로운 소각장을 짓기로 결정했습니다. 그동안 서울시의 생활 쓰레기는 서울 시내에 있는 네 곳의 쓰레기 소각장에서 태워 없앴습니다만 다 처리할 수가 없었습니다. 하루 3200톤의 쓰레기가 나오는데 처리할 수 있는 건 2200톤밖에 되질 않아 나머지 1000톤은 수도권 매립지에서 처리했습니다. 하지만 수도권 쓰레기 매립지는 2026년까지만 사용 가능합니다(물론 현재 쓰레기 반입량이 줄어 2042년까지 사용 가능하다는 주장도 있습니다만). 그래서 나머지 1000톤에 대한 소각 처리장이 필요한 상황이었기 때문입니다.

쓰레기 소각과 소각 후 남는 물질의 처리에 대해서는 따로 이야기할 기회가 있을 겁니다. 여기서 핵심은 왜 서울시에서 발생한 쓰레기를 외부에 버리느냐는 거지요. 이를 가지고 인천시와 경기도, 서울시의 갈등이 지속되었고 결국 서울시의 쓰레기는 서울시에서 처리하는 걸로 결론이 지어진 겁니다.

전기도 사실 마찬가지입니다. 전력 자립도를 보면 서울은 자립도가 5%도 되질 않고 경기도는 68.1%입니다. 하지만 전력 사용량은 경기도가 압도적인 1위이고 서울이 3위입니다. 사용량으로 보면 충남이 2위이지만 전력 자립도로 보면 230%가 넘습니다. 그 외 경남권과 전남권은 모두 자립도가 100% 이상 됩니다.

결국 남쪽 지방의 전기를 끌어다 서울과 경기도가 사용하고 있다는 이야기입니다. 우리도 알고 있다시피, 석탄화력발전소는 인천과 충남, 강원도 해안 지방 그리고 경남과 전남의 남해안 지역에 집중적으로 지어져 있습니다. 원자력발전소 또한 전남과 동해안을 따라 건설되어 있죠.

원자력과 석탄은 대표적인 기저발전입니다. 즉 24시간 계속 가동하면서 우리나라 전력의 가장 큰 부분을 감당하고 있죠. 그리고 그 상당수는 서울과 경기도를 위한 전력입니다. 이미 지어진 걸 뜯어다 수도권에 건설할 순 없겠지만 그에 해당하는 부담은 당연히 전기를 많이 쓰는 수도권이 지는 것이 당연하다고 할 것입니다.

현재 원자력발전소의 가장 큰 문제는 단연 '사용후 핵연료'를 보

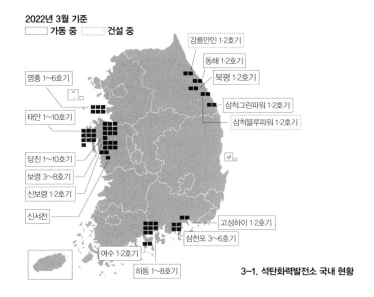

3-1. 석탄화력발전소 국내 현황

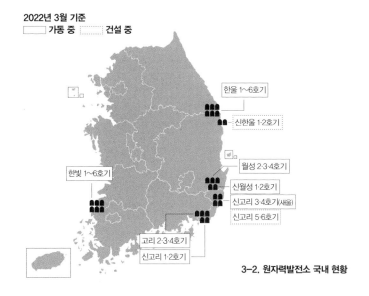

3-2. 원자력발전소 국내 현황

관하는 문제입니다. 지난 수십 년 동안 계속 배출된 사용후 핵연료는 원자력발전소 부지 내에 습식으로 보관되어왔습니다. 이제 한계가 왔습니다. 더이상 보관할 곳이 없습니다.

하지만 이를 안전하게 보관할 '고준위 핵폐기물 처리장'은 언제 지어질지 알 수가 없는 상태입니다. 계획은 2055년 무렵부터 보관하도록 되어 있지만 아직 부지도 선정하지 못했고, 향후 10년 이내 부지가 선정될 것으로 예상하는 이는 거의 없습니다. 고준위 핵폐기물에 비해 위험도가 아주 낮은 중저준위 핵폐기물 처리장을 경주에 설치하는 데도 엄청난 시간과 재정 지원이 뒤따랐고 그마저도 지역의 반대 때문에 여러 번 부지를 옮기다 선정이 되었기 때문이지요.

이처럼 원전을 더 짓는 건 고사하고 기존 원전의 운영 과정에서 계속 나올 고준위 핵폐기물인 사용후 핵연료를 어찌해야 할지 난감할 수밖에 없는 상황입니다. 단계적으로 원자력발전을 줄인다면 그나마 해법이 있겠지만 윤석열 정부는 원전을 확대하겠다는 가능하지 않은 꿈을 꾸고 있으니 문제가 심각하지요. 핵폐기물 처리장 문제를 해결하지 않는 한 원전 확대는 물 건너간 꿈이고, 기존 원전도 운전을 중단해야 합니다. 그래서 당국과 한국수력원자력은 2022년 9월 29일 부산 고리원자력발전소 내부에 '사용후 핵연료' 지상 저장시설을 짓기로 합니다.

결론부터 이야기하자면 만약 '사용후 핵연료' 임시 저장시설을 지어야 한다면 그 지역은 수도권이라야 합니다. 전기 중 절반은 수도권에서 쓰는데 왜 고통은 지방이 독박을 쓰느냐는 이야기입니다. 지방은 석탄발전소와 원자력발전소가 지어지고, 수도권으로 이어지는 고압 송전선이 만들어지는 것에서부터 이미 고통을 받고 있습니다. 나머지 문제는 수도권이 해결해야 합니다.

그리고 현 정부가 원전을 더 짓는다면 그 장소는 한강 유역이어야겠습니다. 타당성조사를 보면 한강 유역도 원자력발전소 부지로 손색이 없습니다. 경기도에서 서울에 이르는 한강 유역은 지반도 안정되어 있고, 원전에 필요한 수자원도 풍부하고, 전력 사용처와 가까우니 송전 설비를 건설하는 비용도 줄고, 송전 과정에서의 전력 손실도 적습니다. 쓰나미나 태풍의 위협도 없지요. 아주 딱입니다. 그리고 원자력발전소를 지으면서 그 옆에 사용후 핵폐기물 처리장을 세트로 지으면 딱 좋겠네요.

그럴 자신이 없다면 원자력발전소 확대는 꿈도 꾸지 말아야겠지요. 기존 원전도 사용후 핵연료 처리 문제를 해결할 수 있도록 그 발전량을 줄이고, 사용 연한을 더이상 늘리지 않아야겠고요. 물론 이는 석탄발전소에도 해당하는 이야기입니다. 앞으로 새로 석탄발전소를 굳이 짓겠다면 수도권에 지어야 합니다.

어떤 이들은 말합니다. 서울시에 발전소를 지을 부지가 없다고. 아닙니다. 지으려고만 하면 빈 곳은 있습니다. 하지만 서울시민 누구도 자기가 사는 지역에 화력발전소를, 그것도 석탄화력발전소를 짓는 걸 좋아하지 않지요. 아니, 좋아하지 않는 정도가 아니라 절대 반대인 경우가 다수일 겁니다. 경기도도 인구가 밀집된 용인, 성남, 수원, 구리 등 서울 주변 지역에는 석탄발전소를 짓기가 힘들 겁니다. 원자력발전소는 더 심하겠지요.

하지만 더이상 다른 지역에 주는 피해를 늘릴 수는 없습니다. 그럼 방법은 두 가지입니다. 하나는 재생에너지, 즉 태양광발전을 확대하는 겁니다. 서울시의 공공건물에 있는 모든 옥상에 태양광 패널을 올리고, 공용주차장, 한강과 중랑천 등의 자전거도로 위에 태양광 패널을 올려야 합니다. 대단위 주택시설, 즉 아파트에도 태양광 패널을 의무적으로 설치하도록 해야죠. 이를 통해서 최대한 자신들이 필요로 하는 전기는 스스로 해결하려는 모습을 보여야 그나마 다른 지역에서 전기를 들여오더라도 면이 서는 겁니다.

그리고 서울시의 경우 다른 시도에 비해 1인당 전기 사용량이 높습니다. 물론 서울에 산다고 다 전기를 펑펑 쓰는 건 아닐 겁니다. 상업용으로 사용되고, 공공기관 등에서 사용하는 전기량이 많은 거지요. 이런 전기 사용을 줄이도록 시조례를 만들고 실시해야 합니다. 밤새 밝혀져 있는 가로등도 하나 건너 하나씩 끄고, 문을 열고 에어컨을 펑펑 틀어대는 것도 막아야겠지요. 시 차원에서 전기를 덜 쓰기 위해 최대한의 노력을 다해야 합니다.

경기도의 경우는 조금 다릅니다. 경기도가 필요로 하는 전기의 절반 이상은 공장에서 사용하는 전기입니다. 각 사업장은 자체적으로 재생에너지를 최대한 확보해야 합니다. 공장 건물 옥상에, 주차장에 태양광 패널을 올리고, ESS(에너지저장시스템Energy Storage System)를 설치하면서 자기가 필요한 전기를 재생에너지로 총족하는 방법을 채택해야 합니다. 특히나 삼성전자나 LG, 하이닉스 등 대규모 공장들은 말로만 RE100을 떠들지 말고 자기 공장 옥상에 태양광 패널을 빼곡하게 설치하고 ESS를 구축하는 모습부터 보여야 할 것입니다. 돈이 많이 드네, 경제성이 떨어지네, 하는 이야기를 하려면 원자력발전소 옆으로 공장을 옮기시구요.

원자력발전

체르노빌과 후쿠시마 이후 완전히 사멸하는 존재였던 원자력발전이 기후위기에 의해 회생의 기운을 보이더니 러시아-우크라이나 전쟁이 조금 더 살려놓은 형국입니다. 특히 우리나라에선 새로운 정부가 들어서면서 '원전(원자력발전소)과 함께하는 기후위기 극복'이란 오래된 주장이 힘을 얻고 있지요. 하지만 누가 뭐라고 하더라도 기존의 대규모 원자력발전소는 이미 사멸할 수밖에 없는 운명이라고 저는 생각합니다.

지금까지 탈원전을 이야기했던 주장들은 거칠게 따져보면 결국 두 가지입니다. 하나는 만에 하나 사고가 일어날 때의 끔찍함이고 둘은 폐연료봉 문제입니다. 저로선 사고의 끔찍함도 문제지만 사실 폐연료봉을 어찌 처리할지가 탈원전의 핵심적인 부분이라고 생각합니다. 하지만 여기서는 기후위기 시대에 재생에너지와 원전이 함께 가는 것이 경제적인가에 대해 주로 살펴보겠습니다.

다시 말씀드리지만 원전 문제의 핵심은 폐연료봉 처리입니다. 우라늄은 그냥 놔둬도 핵분열을 합니다. 하지만 흩어져 있는 상태에서 핵분열 속도는 대단히 느리죠. 이렇게 해서는 전기를 규모 있게 생산할 수 없습니다. 그래서 우라늄을 농축해서 연료봉을 만들죠. 모여 있는 우라늄은 핵분열 과정에서 나오는 중성자를 통해 연쇄적으로 반응합니다. 이를 통해 단위 시간당 높은 열에너지를 생산하고 이 열에너지로 터빈을 돌려 전기를 만듭니다. 하지만 연료봉의 우라늄은 계속 핵분열을 통해 다른 원소가 되니 시간이 지나면 농축률이 떨어질 수밖에 없습니다.

그래서 다 쓴 연료봉은 꺼내고 새 연료봉을 넣어줍니다. 그런데 이제 폐기해야 할 연료봉에도 농도는 낮지만 우라늄이 꽤 많이 남아 있습니다. 더구나 핵분열 과정에서 만들어진 새로운 방사성 물질도 같이 있지요. 루테늄-106, 바륨-140, 세륨-144, 루테늄-103, 세슘-137 등이 그들입니다. 이들은 계속 핵분열을 하고, 치명적인 방사선과 함께 열에너지도 내놓습니다. 아무 조치도 취하지 않으면 계속 온도가 올라가고 결국 녹아버립니다. 이런 현상을 '멜트다운meltdown'이라 하지요.

폐연료봉을 모아놓은 장소에서 연료봉이 녹아버릴 정도가 되면 연료봉을 보관하던 용기도 같이 녹습니다. 연료봉들이 녹아 모이면 더 빠르게 핵분열이 일어나고 마침내 폭발하게 됩니다. 후쿠시마 원전이 거의 이 상태에 이르렀습니다. 물론 실제로 폭발한 건 폐연료봉이 아니라 수소가스입니다. 핵분열과 높은 온도로 인해 수소가 밀폐된 공간에 들이찼고 폭발했던 거죠. 우리가 인터넷에서 보는 후쿠시마의 폭발 장면은 바로 이겁니다.

따라서 이 폐연료봉을 안전하게 저장할 장소가 필요한 건 당연하죠. 하지만 현재 전 세계에서 폐연료봉을 저장할 장소를 건설 중인 나라는 핀란드가 유일합니다. 핵발전소가 만들어진 지 60년 정도 되었는데 아직 미국도, 중국도, 러시아도, 물론 우리나라도 폐연료봉을 저장할 장소—고준위 핵폐기물 저장소라고 합니다—를 건설했거나 건설 중인 나라는 없다는 겁니다. 모두 계획은 있습니다. 하지만 건설할 지역도 정하지 못하고 있죠. 아, 프랑스는 장소는 정했다고도 하더군요.

원자력발전소에서는 폐연료봉 말고도 방사성을 띠는 물질들이 나오는데 이를 중저준위 핵폐기물이라고 합니다. 폐연료봉에 비하면 위험도는 훨씬 낮습니다. 내놓는 방사선 양도 훨씬 적고, 반감기도 훨씬 짧지요. 이를 처리하는 곳이 경주에 있는데 이 중저준위 핵폐기물 처리장을 건설하는 데도 한참 걸렸고 그 과정에서 엄청난 반대에 직면했었습니다. 그러니 고준위 핵폐기물, 즉 폐연료봉

을 처리하는 곳을 정하고 실제 건설하기까지는 훨씬 더 큰 어려움
이 있을 겁니다.

현재 우리나라 정부의 고준위 방사성폐기물 관리 계획을 살펴보
면, 2028년까지 시설 부지 확보, 2042년까지 중간 저장시설과 인
허가용 URL* 건설 및 실증 연구 진행, 2052년까지 영구처분시설
건설, 2053년에 가동을 시작한다고 합니다. 이미 가동한 원전이
있고 폐연료봉이 각 원전마다 가득 들이차 있으니 고준위 방사성
폐기물 처리장이 필요하기는 합니다. 하지만 정부도 그렇고 관련
전문가들도 그렇고 저 타임 스케줄이 과연 지켜질지에 대해 의문
을 가지고 있는 것이 현실입니다.

그런데 앞으로 원자력발전소를 더 많이 짓고 거기서 전기를 생
산하겠다면 당연히 폐연료봉도 더 많이 나올 터인데, 이는 폐기물
처리장 규모가 기존의 서너 배 이상 더 커져야 한다는 뜻입니다.
새로 원전을 지으려면 이런 상황부터 먼저 점검을 해야겠지요.

이제 재생에너지와 함께하는 원전 시나리오의 경제성에 대해
대략 따져보겠습니다. 현재 원자력발전은 전체 발전량에서 대략
30%의 전력을 담당하고 있습니다. 그리고 2050년 무렵이 되면, 전
력 소비량은 현재의 약 2.5~3배 더 늘어날 텐데, 그때쯤 되면 기

---

* URL(지하연구시설Underground Research Laboratory)은 실제 처분 조건과 유사한 지하 환경에
  서 처분시스템 성능이 안전하게 구현되는지 실증하는 시험시설을 말합니다.

존에 지어진 원자력발전소 중 수명을 다한 발전소는 폐로의 과정을 겪어야 합니다. 원자력발전이 현재 수준, 즉 전체 전력의 약 30%를 담당하려면 현재보다 약 2.5~3배가 필요합니다. 쉽게 말해서 원자력발전소를 한 25기에서 30기 정도 더 지어야 한다는 뜻이죠.

하지만 그 수준을 유지하기 위해 원전을 계속 짓는다는 것에 대해 의문을 표시하는 전문가들도 있습니다. 말도 많고 위험한 원전을 굳이 주요 발전원으로 기능하게 하려면 전체 전력의 절반 정도를 감당할 수 있어야 의미가 있다는 것이죠. 이런 경우 원전을 약 50기 정도 더 지어야 합니다. 대략 25기에서 50기의 원전을 새로 지어야 한다는 뜻입니다.

이게 가능할까요? 우선 부지를 선정하는 문제부터 쉽지 않을 겁니다. 원전 부지는 일단 해안가라야 합니다. 원전에서 나오는 열을 식힐 냉각수가 다량으로 필요하기 때문이죠. 그리고 어업 활동이 활발한 곳은 제외해야겠죠. 냉각수가 다량으로 나오면 주변 생태계가 망가져 어업 활동이 힘들기 때문입니다. 또한 쓰나미나 해일 등에 대비하기 위해서는 해안이지만 고지대라야 합니다. 즉 절벽으로 이루어진 해안가가 적당하죠. 여기에 인구밀집 지역을 피해야 합니다. 이런 조건을 갖춘 해안은 일단 남해와 황해에는 없습니다. 남해와 황해는 연안 대부분이 어장이고 양식장이죠. 선택지는 강원도와 경상북도 사이의 해안 일부입니다. 그리고 그중에서도 사람들이 많이 사는 강릉 주변, 휴전선에 가까운 강원도 북부 지역을 피해야 합니다. 결국 동해부터 영덕에 걸쳐 있는 동해시, 삼척시, 울진군, 영덕군, 이 네 곳이 가능한 후보지입니다. 과연 이곳에 사는 시민들이 흔쾌히 혹은 어쩔 수 없이 동의할까요? 그것도 하나 짓는 게 아니라 수십 개를 지어야 하는데.

두 번째로 원전 건설에 걸리는 시간도 따져볼 필요가 있습니다. 우리나라의 경우 외국과 비교해서 굉장히 빠른 속도로 짓는데(외국은 원전 하나 짓는 데에도 20년 이상 걸리는 경우가 부지기수입니다), 그래도 부지 선정이 끝난 후 10년이 걸립니다. 지금 부지 선정이 끝나도 2033년에나 가동이 가능한 거죠. 그렇다고 한꺼번에 20기를 지을 수도 없습니다. 매년 두세 기씩 짓는 식으로 늘려야 하는데 그렇게 되면 2040년까지도 다 지어지지 않는다는 결론이 나오죠. 더구나 이는 가장 빠른 경로를 잡은 것이고 부지 선정에 몇 년 걸리면 완공되어 전력을 만드는 건 2030년대 후반에나 시작할 수 있고 태반은 2040년 중후반에야 가능합니다.

세 번째로 원전 하나 짓는 데에 드는 돈이 11조 원쯤 됩니다. 최저로 25기 정도 지어도 260조 원가량이 드는 거죠. 이 정도 비용은 원전이 아닌 재생에너지와 에너지 저장장치에 투자를 해도 충분한 성과를 보일 수 있습니다. 더구나 태양광발전이나 에너지 저장장치 등에는 민간 부문의 투자를 유치할 수 있지만 원전은 온전히 한국수력원자력 단독으로 돈을 대는 구조죠.

그럼 대규모로 원전 짓는 건 힘들다고 하고 2~3년에 2기씩(원전은 한 번에 두 기씩 짓는 것이 보통입니다) 한 10기 정도만 지으면 어떨까요? 우선 이런 정도로는 현재의 원자력발전이 차지하는 총발전양의 30%는 불가능하고, 2050년이면 20%대 이하로 떨어집니다. 건설사나 관련 업체들이야 좋겠지만 이런 정도라면 수입수소 등으로 기저부하를 해결하는 방향이 훨씬 바람직할 겁니다. 현재 우리나라의 재생에너지 발전으로는 기존 전력 공급량을 대기에도 빠듯합니다. 그러니 필요한 수소의 경우, 상당 부분은 외국의 재생에너지 발전소에서 직접 수전해를 통해 만든 걸 수입해야 합니다.

결국 원전은 안전 문제, 환경 문제가 아니라 경제적 논리에 의해서도 확대는 불가능하다고 보아야 합니다. 원전을 몇 기 짓는 걸로는 전체 전력 수급에 큰 영향을 미치지도 못하고 원전 생태계(이걸 생태계라고 표현하는 것이 맞을지 모르지만)를 유지하기 힘듭니다. 유일한 대안은 우리나라가 아니라 외국 원전 건설에 참여하는 것인데 현재 원전을 의미 있게 확장하는 나라는 러시아와 중국, 인도 등입니다. 원전 관련업계는 차라리 원전을 폐쇄하는 기술을 좀더 발전시켜 해외 원전 폐로 시장에서 기회를 찾고, 기존 고준위 핵폐기물 처리를 어떻게 할 것인지에 집중하는 것이 스스로를 위해서도 좋지 않을까 생각합니다.

소형모듈형 핵발전소

2022년 5월 말 한국형 스마트 혁신형 소형모듈원자로(i-SMR, Small Module Reactor) 개발 사업이 예비 타당성조사를 통과했습니다. 뭐, 우리나라뿐만은 아닙니다. 전 세계적으로 SMR 개발 열풍이 불고 있다고, 새로운 원전 시대가 열린다고 말하는 이들이 꽤 많습니다.

요사이 주목받고 있는 소형모듈원자로의 기본 구조는 기존 원자력발전소와 대동소이합니다. 소형이라는 말에서 나타나듯이 최대 출력 300MW로 최신 국내 원전이 1000MW인 것에 비해 상당히 작습니다. 하지만 초기 모델인 고리1호기가 587MW였던 것과 비교하면 그리 작은 편은 아니죠. 소형이라는 게 기존 원전 대비 그렇다는 이야기지 정말로 '소형'인 건 아닙니다. 현재 SMR 시장에서 가장 주목받고 있는 원자력 기업 뉴스케일파워의 SMR은 높이 23.2m로 대략 9층 아파트 높이라고 하니까요. 다만 원전 대비 소형이긴 하니까 원전의 모든 기능을 배관 없이 하나의 격납고 안에 설치할 수 있습니다.

그렇다면 SMR의 장점은 무엇일까요? 먼저 기존의 대형 원전에 비해 안전하다는 점을 SMR 개발자들은 강조하고 있습니다. 크기가 작다보니 사고로 냉각 기능이 중단되어도 열을 식히기 쉬워 노심 손상 같은 최악의 상황으로 진행될 가능성이 낮다는 것이죠. 여기에 자연적으로 냉각되는 피동형 냉각 시스템을 갖춰 전력 공급이 끊겨도 냉각 장치가 작동할 수 있도록 설계하는 경우도 있습니다. 또한 모듈 구조로 단순화되어 있어 배관 손상 등에 의한 사고 가능성도 줄어든다고 합니다. 관련 전문가에 따르면 대형 원전에 비해 위험 확률이 100분의 1 정도로 낮습니다. 노심 손상 확률 목표치가 10억 분의 1 정도라고 하는군요. 경제성도 장점이라고 주장합니다. 모듈 형태로 설계·제작되기 때문에 대형 원전에 비해 건설 기간도 짧고 비용도 저렴하다는 것이죠.

하지만 기후위기 시대 SMR의 가장 큰 장점은 유연성입니다. 재생에너지가 주가 될 미래 발전시장에서 가장 큰 문제는 재생에너지의 간헐성과 변동성입니다. 태양광과 풍력발전은 인위적으로 출력을 조절할 수 없기 때문이죠. 날씨에 따라 출력량이 정해지고 또 변화도 큽니다. 거기에 지역별 변동성도 큽니다. 수도권에 비가 오면 수도권 태양광발전양이 줄어들고, 영남에 장마전선이 걸쳐지면 며칠 동안 태양광발전양이 감소합니다. 따라서 나머지 발전원들이 발전양을 조절해서 전체 전력망을 안정시켜줘야 합니다. 이렇게 전력 수요와 공급 변화에 맞춰 빠르게 출력을 조절하는 것을 '부하 추종운전'이라고 하지요. 유럽의 원전에는 이런 기능이 적용되고 있지만 국내 원전은 이런 기능이 약합니다. 하지만 SMR은 처음 개발 단계에서 빠른 출력 조절이 가능하도록 준비 중이라는 거죠. 우리나라가 개발 중인 i-SMR은 최저 30%~100% 범위에서 분당 5% 속도로 조절이 가능한 것을 목표로 삼고 있습니다.

하지만 SMR의 개발에는 몇 가지 치명적인 문제가 있습니다. 먼저 앞서 우수한 경제성이 장점이라고 주장하지만 이는 건설 기간이 짧고 비용이 저렴하다는 것에만 한정됩니다. 하지만 현실은 소형이라고 해서 대형 원전보다 비용이 싼 게 아닙니다. 현재 한국의 대형 원전 건설 단가는 세계에서 가장 싼 1kW당 3700달러대 수준입니다. 그러나 i-SMR의 경우 1kW당 4000달러를 "매우 도전적인 목표"로 잡고 있는 실정입니다.[*] 쉽지 않다는 이야기죠. i-SMR 개발을 담당하고 있는 한국원자력연구원의 SMR 연구개발 책임자인 임채영 혁신원자력시스템연구소장은 "대형 원전에서 5~6년 걸리는 공기를 2~3년으로 단축해 긴 공기에 따른 직간접 비용을 줄여 대형 원전까지 내려가보자라는 게 대부분의 SMR이 추구하는 바"라고 이야기합니다.[**]

또 하나, SMR이 대형 원전보다 오히려 핵폐기물을 더 많이 만들 것이라는 문제도 있습니다. 스탠퍼드 대학과 브리티시컬럼비아 대학 연구진에 따르면 일본 도시바와 미국 뉴스케일파워, 캐나다 테레스테리얼에너지가 개발 중인 3가지 유형의 SMR에서 기존 원전에 비해 방사성 폐기물을 최소 2배에서 최대 30배 더 많이 배출할

---

[*] "SMR 개발 전문가도 'SMR 경제성 대형원전 뛰어넘긴 어려워'", 『한겨레신문』 2022년 1월 3일자. https://www.hani.co.kr/arti/society/environment/1025701.html

[**] 위와 같음.

수 있다는 결과를 내놓았습니다.[*] 더구나 핵폐기물 중 가장 처리가 곤란한 사용후 핵연료가 기존 원자로에 비해 최대 5.5배에 달하는 것으로 분석되었습니다. 이는 위험성 측면뿐만 아니라 폐기물 처리 비용이 높아지기 때문에 경제적 측면에서도 상당히 회의적이 될 수밖에 없습니다.

세 번째로는 언제 가동할 수 있느냐는 겁니다. 사실 이게 핵심적인 문제입니다. 지금 발전 부문은 시간과의 싸움이죠. 2050년 탄소제로를 달성하기 위한 전력질주가 시작된 상황입니다. 그런데 현재 SMR에서 가장 앞서 있다고 평가받는 뉴스케일파워의 경우 경수로형 SMR의 프로토타입을 2029년까지 아이다호주에 건설한다는 계획입니다. 즉 아무리 빨라도 2030년은 되어야 정상 운영이 가능하다는 뜻이죠. 우리나라가 개발 중인 i-SMR의 경우 2028년 표준설계 인가를 얻는 것이 목표입니다. 계획대로 표준설계 인가를 얻어서 최대한 빨리 작업을 해도 2030년대 중반은 되어야 운전이 가능하다는 뜻이죠.

그렇다고 바로 상용화되기도 힘듭니다. SMR 자체가 처음 해보는 일이니까요. 이들 프로토타입을 몇 년 정도 시범운행을 해서 데이터를 모아야 합니다. 대규모 건설은 그다음 이야기죠. 즉 대규모

---

[*] 'SMR, 일반 원전보다 더 많은 방사성 폐기물 배출된다', 『동아사이언스』 2022년 5월 31일자. m.dongascience.com/news.php?idx=54653

상용 SMR 건설은 빨라도 2030년대 후반 아니면 2040년대 초반에 가능하다는 뜻입니다. 더구나 부지 선정과 건설 과정을 포함하면 실제 SMR이 의미 있게 운영될 수 있는 시기는 2040년대 중후반일 겁니다. 축구 경기로 치자면 후반전 막판이 돼서야 참전할 수 있다는 이야기입니다.

여기에 마지막 문제가 있습니다. 우리나라 i-SMR은 목표 출력이 177MW입니다. 기존 원전은 지을 때 1000MW짜리 두 개를 지으니 한번에 2000MW의 출력을 갖추게 됩니다. i-SMR로 이 정도 출력을 갖추려면 11개 정도를 한꺼번에 지어야 합니다. 저번에 원전이 전체 전력에서 의미를 가지려면 최소한 지금 정도의 비율, 즉 전체의 30% 정도를 차지할 수 있어야 한다고 했습니다. 그러려면 최소한 25~30기는 지어야 하지요. 이를 SMR로 갖추려면 250개에서 330개쯤 지어야 한다는 뜻입니다. 미국의 뉴스케일파워가 77MW짜리를 만드는데 그 높이가 9층 건물입니다. 그 2배 이상이니 한국형 SMR도 작은 크기는 아닐 텐데 그걸 우리나라 어디에 수백 개씩 지을 수 있을까요? 물론 SMR은 기존 원전에 비해 부지 선정 조건은 훨씬 여유롭습니다만 과연 자기네 지역에 SMR을 수십 개씩 짓도록 허용할 만한 곳이 우리나라 어디에 있을까요?

그럼 이런 사실을 모를 리 없는 미국과 유럽, 일본, 한국의 정부는 왜 SMR에 투자를 하는 것일까요? 여러 다양한 이유가 있겠지만 SMR이 애초에 원자력 잠수함과 원자력 항공모함용으로 개발된 소규모 원전에 그 기원이 있다는 사실을 주목할 필요가 있겠습니다. 즉 군사용으로 매우 적합한 물건인 거죠. SMR이 탑재된 자율주행 잠수함은 일 년 365일 내내 표면에 떠오르지 않고 전 세계 대양에서 작전이 가능합니다. 또한 자율 군함이 SMR을 탑재하면 작전 범위는 전 세계가 되겠지요. 그리고 향후 우주 분야에서도 SMR은 효용이 있는 도구입니다. (물론 SMR을 탑재한 발사체가 무사히 우주로 갈 수 있다는 전제가 있어야 합니다. 공중에서 SMR이 터지기라도 한다면 그만한 재앙이 없겠죠.) SMR이 탑재된 우주선이 몇 년 동안 연료 걱정 없이 지구 상공의 우주정거장과 달, 화성 사이를 정기적으로 오가는 상상을 해보세요. 물론 다른 활용도 가능할 수 있겠습니다. 중요한 건 기후위기에 대응하기 위한 SMR은 경제적으로 또 시기적으로 선택 가능한 대안이 아니라는 것이죠.

아직은 너무 먼 미래—우주태양광발전과 핵융합발전

온실가스나 다른 환경 문제를 발생시키지 않으면서 싸고 편리한 재생에너지를 찾는 노력은 계속되고 있습니다. 태양광발전과 풍력발전도 좋지만 간헐성(시간과 환경에 따른 전력발전량의 편차)과 경직성(인위적으로 발전출력을 조절할 수 없음) 문제는 계속 남고, 또 이 둘만 가지고 지속적으로 늘어나는 에너지 사용량을 모두 감당할 수 있을까라는 의문이 있기 때문이지요.

흔히 과학기술계에서 '게임체인저'라고 이야기되는 두 가지 대안이 있습니다. 우주태양광발전과 핵융합발전입니다. 먼저 우주태양광발전에 대해 살펴보지요. 태양빛은 대기 중에서 약 30%가 흡수되거나 산란散亂됩니다. 지표면에 도착하는 건 70% 정도죠. 그것도 낮에만 한정되고, 아침이나 저녁이 되면 대기권을 통과하는 길이가 길어져 지표면에 도달하는 양이 더 적습니다. 거기에다 흐리거나 비가 오면 당연히 처참할 정도로 발전 효율이 떨어집니다.

하지만 지구에서 가까운 우주에 태양광발전을 한다면 이런 문제가 모두 해결됩니다. 이론적으로 우주에서 얻을 수 있는 태양광발전량은 지구표면에서 얻을 수 있는 최대 에너지의 144%에 해당됩니다. 더구나 하루 종일 발전이 가능하죠. 대략 지상에 비해 같은 면적에서 10배의 태양광발전량을 얻을 수 있습니다. 더 중요한 것은 발전량이 일정하기 때문에 24시간 언제나 안정적인 공급이 가능하다는 점입니다. 또 하나, 무선 송전 방식을 택하기 때문에 필요한 곳으로 바로 쏘아줄 수 있다는 것도 매력적입니다. 수도권이건 어느 지역이건 부족한 곳으로 순식간에 전력을 공급할 수 있습니다. 지상에서의 간헐성을 보충하는 용도로도 딱 맞춤이지요.

설치 장소도 크게 고민할 필요가 없습니다. 물론 발전과 송전에 적합한 지역이 없기야 하겠습니까만 아주 넓은 우주 공간이라서 얼마든지 대규모 발전장치를 만들 수 있습니다. 현재 구상을 보면 지구 상공 3만 6000km의 정지궤도에 수 km의 태양 전지판을 단 태양발전위성을 띄우는 것이 가장 합리적이라고 하는군요.

하지만 이런 우주태양광발전을 위해서는 넘어야 할 기술적·경제적 문제가 쌓여 있습니다. 크게 세 가지로 나눌 수 있습니다.

먼저, 현재 조건에서 우주태양광발전에 필요한 장비는 모두 지구에서 로켓으로 쏘아올려야 합니다. 로켓 재활용 기술이 정착되면서 비용이 많이 싸졌다고 하지만 아직도 만만한 가격이 아닙니다. 이를 어떻게 더 싸게 만들 것인가가 우주태양광발전에서 핵심적 문제가 될 것입니다. 일단 발전 단가가 지상태양광발전과 비교해서 같거나 비슷한 수준은 되어야 하니까요.

두 번째로, 지상에서 쓰는 태양광 패널은 우주에서 쓸 수가 없습니다. 우주에는 주로 태양에서 날아오는 방사선이 지상과 비교가 안 될 정도로 빽빽합니다. 기존 패널로는 오래 버틸 수가 없습니다. 물론 인공위성 등에서 쓰는 패널이 있기는 합니다만 이 또한 가성비가 좋질 않습니다. 물론 대규모로 제작을 하면 가격이 싸지긴 할 겁니다만 아직 갈 길이 멉니다.

세 번째로는 생산한 전기를 지구로 보내는 무선 전송기술 문제입니다. 현재 일본을 비롯한 몇 나라에서 실제 검증과정을 거치고 있는데, 주로 레이저나 마이크로파로 전송합니다. 그런데 이 전기를 받기 위한 장치가 꽤 많은 면적을 차지합니다. 더구나 인구 밀집지역에 설치하기엔 좀 문제가 있지요.

이제 핵융합을 살펴보죠. 핵융합의 가장 대표적인 사례는 태양입니다. 태양은 근 50억 년 동안 매 초 엄청난 양의 빛에너지를 내뿜고 있습니다. 태양에서 오는 빛에너지의 극히 일부만이 지구에 도달하는데, 그 에너지 중 아주 적은 양만 가지고도 지구에 사는 모든 생물들이 생명을 유지할 뿐더러 이론적으론 그중 아주 일부만 가지고 태양광발전을 해도 인간에게 필요한 모든 에너지를 감당할 수 있을 정도죠. 앞으로도 태양은 약 50억 년 가까이 이런 무지막지한 에너지를 내뿜을 겁니다. 이게 가능한 것이 바로 핵융합 때문입니다.

그런데 많은 이들이 원자력발전과 핵융합발전이 서로 비슷한 것이라고 오해를 하고 있습니다. 둘 다 핵에너지를 쓴다고 표현하기 때문이기도 할 겁니다. 그래서 우선 이 둘의 공통점과 차이점에 대해 살펴보도록 하겠습니다.

일단 공통점은 둘 다 질량이 줄어들면서 에너지가 만들어진다는 점입니다. 즉 아인슈타인의 특수상대성이론에서 가장 유명한 식인 $E=mc^2$의 원리를 이용한다는 것이죠.[*] 하지만 딱 여기까지만 같고 나머지는 다 다릅니다.

먼저 원자력발전은 핵융합발전과 반대로 우라늄의 원자핵이 분

[*] E는 에너지, m은 질량, c는 광속입니다. 즉 질량이 사라질 때 에너지는 질량에 광속의 제곱을 곱한 만큼 생겨난다는 거죠. 그래서 질량이 아주 조금만 줄어들어도 어마어마한 에너지가 만들어지게 됩니다.

열될 때 만들어지는 에너지를 이용해요. 따라서 연료로 우라늄을 사용합니다. 자연 상태의 우라늄으론 발전을 하기가 힘들어 농축시킨 우라늄 연료봉을 이용합니다. 이 연료봉의 효율이 낮아지면 원자로에서 빼내는데 이를 폐연료봉이라고 합니다. 이 폐연료봉은 그러나 여전히 핵분열을 하고 있기 때문에 굉장히 유독한 방사선을 계속 배출하고, 핵분열 과정에서 발생하는 열 때문에 온도도 굉장히 높습니다. 그래서 지속적으로 식혀주면서 관리를 해야 합니다. 그런데 우라늄과 기타 폐연료봉의 방사능 물질은 반감기가 무지하게 깁니다. 최소한 1만 년 정도를 관리해줘야 합니다. 폐연료봉을 어떻게 오랜 시간 동안 관리할지가 원자력발전의 가장 큰 문제라 볼 수 있습니다.

이에 비해 핵융합발전은 중수소를 이용해서 헬륨을 만들고 이 과정에서 나오는 에너지를 이용하죠. 중수소나 헬륨은 방사능을 배출하지 않거나 배출하더라도 아주 적은 양이기 때문에 핵폐기물에 대해 걱정할 필요가 없어요. 물론 핵융합 과정에서도 삼중수소라는 방사성물질이 나옵니다. 하지만 삼중수소는 반감기가 약 12.3년으로 아주 빠르게 붕괴하기 때문에 방사능 오염이 발생할 우려가 거의 없습니다. 또 이 삼중수소에 의한 중저준위 핵폐기물이 일부 나오긴 하지만 그 양도 적고 큰 문제가 되질 않습니다.

두 번째, 원자력발전은 폭발의 위험성이 아주 크고, 폭발이 일어나면 뒷감당이 안 된다는 문제가 있습니다. 반면 핵융합발전은 반대입니다. 핵융합이 이루어지기 위해서는 고압과 고온의 조건에서 아주 미세한 조절이 필요합니다. 그런데 어떤 이유로 고장이 나면 고온과 고압을 유지할 수 없게 됩니다. 그러면 그냥 핵융합이 중단됩니다. 마치 계속 전기를 공급해야 움직이는 기계가 전기가 끊기면 그냥 서버리는 것과 같습니다. 그리고 사고가 나도 고준위 핵폐기물 자체가 없으니 후유증도 없습니다. 물론 사고의 위험이야 항상 있겠습니다만 그 사고가 원자력발전소처럼 치명적인 결과를 낳을 일은 없는 것이지요.

세 번째로 원자력발전의 연료인 우라늄의 경우 매장량에 한계가 있고 또 경제성 있는 광산은 일부 국가에 제한되어 있습니다. 더구나 채굴 과정과 농축 과정에서 다양한 환경오염 문제가 발생합니다. 그래서 우라늄 생산량은 카자흐스탄, 캐나다, 오스트레일리아가 전 세계 생산량의 70%를 차지합니다. 또한 핵무기를 만드는 기반이 되는 우라늄 농축 자체가 대부분의 나라에서는 제한되어 있고, 미국과 영국, 프랑스, 러시아, 중국 정도에만 우라늄을 농축하는 회사가 존재합니다.

반면 핵융합발전의 연료는 중수소나 삼중수소입니다. 중수소는 원자핵에 양성자와 중성자가 하나씩 있는 수소 동위원소이고, 삼중수소는 양성자 하나와 중성자 둘이 있는 수소 동위원소입니다. 물은 원래 수소 둘과 산소 하나로 이루어진 분자죠. 이런 물 중 낮은 비율이지만 수소 대신 중수소나 삼중수소가 결합한 경우가 있습니다. 그리고 바다는 원래 물이니 중수소나 삼중수소도 전 세계 바다에서 쉽게 얻을 수 있습니다. 이론적으로 인류가 사용하는 모든 에너지를 핵융합발전으로 얻는다고 치면 몇백만 년 동안 써도 다 못 쓸 정도로 많습니다. 연료에 대한 걱정은 전혀 없는 거지요.

　방사능도 별로 없고 연료도 무제한인 핵융합발전을 아직도 상용화하지 못하는 이유는 무엇일까요? 태양의 경우 압력이 지구 표면에 비해 2600억 배로 아주 높습니다. 밀도도 아주 높고요. 이런 압력과 밀도 조건에서는 1500만 도라는 비교적 낮은 온도에서도 핵융합이 일어납니다. 지구에서 그렇게 높은 압력과 밀도를 만들려면 들어가는 에너지가 너무 큽니다. 핵융합으로 만드는 에너지보다 들어가는 에너지가 더 크니 아무 소용이 없습니다. 하지만 압력과 밀도를 높이는 대신 온도를 1억 도 정도로 올리면 지구에서도 핵융합이 일어납니다.

　여기서 기술적 난제는 1억 도까지 올린 온도를 안정적으로 유지하는 것입니다. 아주 어렵습니다. 이 분야에서 가장 앞서가는 곳이 우리나라의 '한국핵융합에너지연구원'으로, 2021년에 1억 도를 30초간 유지했는데 전 세계에서 가장 오랜 시간을 유지한 것입니다. 한국핵융합에너지연구원은 2025년까지 300초를 버티는 것을 목표로 하고 있습니다. 5분이죠. 그런데 핵융합발전이 상업적으로 의미를 가지려면 이보다 훨씬 오래 유지해야 하니 아직 갈 길이 멉니다.

이처럼 갈 길이 머니 우주태양광발전이든 핵융합발전이든 당장의 기후위기에는 별 쓸모가 없습니다. 두 가지 대안 모두 아무리 빨라도 2040년대 중반은 되어야 가능할 거라는 게 전문가들의 예측입니다. 그리고 실제로 전력을 공급할 수 있는 건 2050년은 돼야 합니다. 축구경기로 치자면 전반전 후반전 다 지나고 연장전에서도 막판 2~3분 남겨놓고 등장하는 거지요. 그러니 이런 기술에 기후위기를 배팅할 수는 없지요. 물론 기술 개발을 관두어야 한다는 의미는 아닙니다. 어찌되었건 성공한다면 나름의 역할을 할 수 있죠. 만약 계획대로 된다고 하면 기후위기를 극복한 인류에게 주어질 뒤늦은 선물 같은 거라 할 수 있습니다.

하지만 좀더 근본적인 문제제기가 있지요. 과연 이렇게 지속적으로 전기 소비량이 증가하는 것이 올바른 것이냐는 겁니다. 생태주의와 탈성장을 고민하는 많은 분들이 하는 문제제기입니다. 지구는 한정되어 있고 지구의 자원도 한정되어 있는데, 우리 인간이 자신의 욕망을 위해 계속 더 많은 자원을 쓰는 것이 과연 '지속가능할 것인가'에 대한 이야기입니다. 이에 대한 고민을 담은 이야기를 제5장에서 나눠보도록 하지요.

전기 소비량이 점점 늘어나고 있는데

거리를 걷다보면 한국전력공사(한전)가 세워놓은 배전함에 '전기는 국산이지만 원료는 수입입니다'라고 씌어 있는 문구가 눈에 띕니다. 틀린 말은 아니지요. 우리나라 전기의 90%가량에 해당하는 화력발전과 원자력발전의 원료들—석탄, 천연가스, 우라늄—은 거의 대부분 수입이니까요. 그러니 열심히 전기를 아껴 쓰자는 이야기겠지요. 전기를 팔아서 이윤을 확보하는 한전이 그 전기를 아껴 쓰자고 하니 과연 공기업은 공기업이구나 하는 생각도 들지만요.

기후위기에 대한 대응의 하나로 줄곧 이야기하는 것이, 기존의 화력발전을 없애고 모두 재생에너지로 바꾸자는 이야기입니다. 물론 내일 당장 그리하면 좋겠지만 여러 이유로 시간이 걸리는 건데 이걸 얼마나 빠르게 전환할 것인가가 사실 정부와 환경단체, 기타 다양한 이익집단의 논쟁거리지요. 그런데 풍력이나 태양광발전 등의 재생에너지를 확대하는 것 못지않게 화력발전을 빨리 멈추는 방법으로 전기 덜 쓰기가 있습니다. 예전엔 전기 사용량을 발전 용량과 맞추기 위해 전기를 아껴 쓰자고 했다면 이제는 화력발전을 빨리 멈추기 위해 전기를 아껴 쓰자는 거죠. 그런데 이게 개인이 아끼자고 아껴지기가 쉽지 않습니다. 그 이유를 먼저 알아보죠.

우리나라에서 만들어진 전기의 55% 정도가 산업 부문에서 쓰입니다.* 즉 공장이나 사무실, 데이터센터 등에서 쓰는 거죠. 물론 산업 중에는 건설업이나 광업, 농림수산업 등도 있지만 절대 다수가 제조업입니다. 그리고 두 번째가 상업 및 공공 부문입니다. 약 30%를 씁니다. 가정에서 우리가 쓰는 건 전체의 약 12%뿐입니다.

그러니 안 쓰는 전기기구 플러그를 뽑고, 에어컨 목표 온도를 조금 높이고, 전등도 열심히 끄고 해도, 우리가 줄일 수 있는 데에는 한계가 있는 거지요. 실제로 우리가 집에서 쓰는 전기 사용량 대부분은 전기기구에서 발생합니다. 전등은 가정용 전기 사용량 중 약 7%를 차지할 뿐입니다. 24시간 가동하는 냉장고와 김치냉장고뿐만 아니라 컴퓨터, TV, 전기밥솥, 전자레인지, 세탁기, 식기건조기, 헤어드라이어 등등 에어컨을 제외한 나머지 전기기구가 전기 소모량의 약 80%를 차지합니다. 이들 전기기구를 알뜰하게 관리하면 우리집 전기 사용량을 10~20% 정도는 줄일 수 있겠지요. 우리나라 모든 가정이 저만큼 줄인다면 나라 전체로 봤을 때 전기 사용량을 대략 1~2% 줄일 수 있을 겁니다.

다들 여름에 에어컨을 틀면 전기요금이 훌쩍 올라가는 경험이 있을 겁니다. 하지만 올라간 요금만큼 에어컨의 전기 소모량이 큰 건 아닙니다. 아시다시피 전기요금은 사용량이 많아질수록 kWh 당 요금이 올라가니까요. 물론 에어컨이 전기 소모량이 많은 건 사

---

* 산업통계분석시스템(ISTANS), 2016년.

실이지만 1년 전체를 놓고 보면 에어컨은 가정용 총전력 사용량의 10% 남짓 차지합니다. 그런데도 에어컨의 전기 사용량이 문제가 되는 건 여름철 한낮의 전기 사용량을 급격히 높이는 데에 있습니다. 한순간이지만 전기 사용 총량이 높아지면 그에 해당하는 만큼의 발전 설비가 준비되어 있어야 하니까요. 어찌 되었건 통계로 보면 개인의 노력으로 줄일 수 있는 전기에는 한계가 있습니다.

여기에 또 두 번째 문제도 있습니다. 공장에서 화석연료를 태워서 얻던 에너지를 전기로 바꿔야 하는 문제입니다. 공장에서 석탄이나 석유 혹은 천연가스 같은 화석연료를 태우는 과정에서 발생하는 이산화탄소량은 화력발전소에서 만들어내는 양과 비등비등합니다. 우리나라 전체 이산화탄소 발생량의 30%가량 됩니다.

이 문제를 해결하는 방법 중 하나가 전력화입니다. 석탄이나 석유를 태우지 말고 전기로 해결하라는 거죠. 앞서 살펴봤던 포스코의 경우도 기존의 고로를 수소환원제철로 바꾸는 계획을 가지고 있지요. 마찬가지로 석탄을 태워 석회석을 시멘트로 만드는 시멘트공장들도 장기적으로는 전기를 이용해야 합니다. 각종 금속제련공장이나 제지공장도 마찬가지입니다.

화석연료 대신 전기로 바꾼다고 해도 기존 화력발전에서 생산한 전기라면 이산화탄소 배출이 있겠지요. 그래도 화력발전소의 에너지 효율이 높기 때문에 상당량의 이산화탄소 감축이 가능합니다. 거기에 원전과 재생에너지를 통한 전기 공급이 추가되니 전체적인 이산화탄소 배출이 줄어들게 되지요.

앞서 가정에서의 전기에너지 사용량 이야기를 했는데, 가정에서 소비하는 에너지 중 전기가 차지하는 비중은 20%를 조금 넘습니다. 천연가스나 프로판가스 혹은 연탄 등이 나머지 80% 가까이를 차지하지요. 이 부분 또한 전력화의 길을 가게 될 겁니다. 가스레인지 대신 인덕션을 사용하고, 가스보일러 대신 전기보일러를 사용하는 식이지요. 여기에 수송 부문에서도 전체 이산화탄소 발생량의 약 10%를 차지하는 기존 내연기관 자동차가 전기자동차로 바뀌게 됩니다.

결국 우리나라 전체 이산화탄소 발생량에 비추어보면 산업 부문의 화석연료 사용으로 인한 30%, 수송 부문의 화석연료 사용으로 인한 10%, 가정과 건물 난방용 화석연료 사용으로 인한 10% 정도가 전력화로 혹은 수소로 가야 하는 거죠. 이런 경우 또다른 장점은 발전소에서 전력을 생산할 때의 에너지 효율이 각 부문에서 직접 화석연료를 사용해 열에너지를 얻는 것에 비해 꽤 높은 편이라는 점입니다. 즉 전기 생산을 모두 화석연료로 하더라도 전체적으로는 이산화탄소 발생량이 줄어들고 또 화석연료 사용량도 줄어드는 거지요.

이런 연유로 우리가 가정에서 전기에너지를 줄인다고 하더라도 전체 전기에너지 소비량은 지속적으로 늘어날 수밖에 없습니다. 2010년 이후 우리나라 전기에너지 소비량은 매년 2~3%씩 증가하고 있습니다. 여기에 지금 말씀드린 전력화 과정에서 추가로 발생하는 전기 소비량을 생각하면 2050년까지 우리나라의 전기에너지 소비량은 현재 대비 약 2.5~3배 정도 늘어날 것으로 예측됩니다.

쉬운 문제가 아니지요. 현재 재생에너지에 의한 전기 생산량은 전체의 10% 남짓으로 추정되는데 앞으로 30배 정도 더 늘려야 겨우 감당할 수 있는 양이니까요. 거기다 풍력과 태양광의 간헐성과 경직성을 생각하면 더 심각합니다. 재생에너지가 늘어나는 만큼 장단기 에너지 저장장치를 늘려야 하는데, 이 또한 엄청난 비용이 들어갈 수밖에 없습니다.

작은 대안, 수소

하지만 이를 완전히는 아니지만 상당 부분 해결할 방법이 있습니다. 수소를 사용하는 겁니다. 수소는 연소 과정에서 온실가스가 발생하지 않기 때문에 연료로 사용하기에 가장 좋습니다. 하지만 이 경우 수소를 생산하는 방식이 재생에너지로 만든 전기를 이용하는 것이라야 의미가 있습니다. 아직 재생에너지 비중이 절대적으로 작은 우리나라에서 생산할 수 있는 수소는 미미한 수준입니다. 따라서 해외의 재생에너지 거점에서 생산한 수소를 수입하는 것이 중기적으로 유의미한 대안입니다.

이 글의 서두에서 이야기한 것처럼 현재 우리나라는 전체 에너지의 95% 이상을 수입에 의존하고 있습니다. 석유나 석탄, 천연가스 등이 그것이지요. 앞으로는 이 화석연료 수입을 줄이고 반대로 수소의 수입을 늘리는 겁니다. 사하라사막이나 미국의 건조 지대, 멕시코, 남미, 몽골, 중동, 오스트레일리아 등 해외에는 우리나라보다 태양광의 효율이 3배 정도 더 높은 지역이 많이 있습니다. 또 해상 풍력에 적합한 입지들도 많지요. 그곳에서 만들어진 전기로 바닷물을 전기 분해해서 수소를 만들고 이를 액화시켜 배로 들여오는 거지요.

이렇게 들여온 수소는 몇 가지 방법으로 활용됩니다. 먼저 이미 지어진 LNG발전소에서 전기를 생산하는 데에 이용합니다. LNG 발전은 메탄을 연소시켜 전기를 얻는 대신 수소를 연소시켜 전기를 얻는 거지요. 이런 경우 기존 터빈을 수소 터빈으로 교체하기만 하면 커다란 문제 없이 기존 설비를 이용할 수 있습니다. 더구나 이런 수소의 발전은 앞서 이야기한 재생에너지 발전의 간헐성을 일정 부분 감당하는 역할도 할 수 있습니다.

두 번째로 산업 부문 에너지 소비를 충당합니다. 화석연료를 태우는 대신 수소를 태워 에너지를 얻는 거지요. 이럴 경우 전기에너지 소비량의 증가를 줄일 수 있으니 화력발전소 비중을 줄이는 데에도 도움이 될 뿐더러 기존 송배전망의 부하가 급격히 늘어나는 것 또한 일정 부분 억제할 수 있습니다.

세 번째로 현재 공급하고 있는 도시가스에 수소를 일정 비율로 첨가하면 가정용과 건물용 난방 및 취사 과정에서 발생하는 이산화탄소도 줄일 수 있습니다.

결국 수소의 수입은 두 가지 측면을 가지게 됩니다. 먼저 기존의 화석연료가 담당하던 산업 및 난방 부분을 일부 담당함으로써 전력으로 커버해야 할 부분을 줄여줍니다. 또다른 하나는 실제 발전에 사용하면서 재생에너지의 간헐성과 경직성 등을 보완할 수 있습니다. 하지만 해외 수소 수입이 안정적이고 의미 있는 양이 되려면 좀더 시간이 걸립니다. 그 시점까지 전체적인 에너지 믹스를 어떻게 가져가느냐가 중요합니다.

수소에 대해 좀더 살펴보도록 하지요. 앞서 모든 에너지의 전력화가 기후위기 대응의 가장 중요한 방안이라고 했습니다. 그런데 저 많은 화석연료 사용처를 모두 전기로 바꾸자면 대체 태양광 패널을 얼마나 깔아야 하고 풍력발전기를 얼마나 설치해야 할까요? 잘못하면 온 국토를 태양광 패널로 덮고 해안 전체에 풍력발전기를 빼곡하게 세워야 하는 게 아닌가 하는 우려가 들지요. 사실 저 수요 모두를 재생에너지로 바꾼다고 해도 그 정도까지는 되지 않습니다만.

하지만 다른 이유로 대안을 찾아야 합니다. 먼저 앞서 계속 이야기했던 재생에너지의 간헐성과 경직성입니다. 태양광발전이나 풍력은 우리가 발전량을 조절할 수 없습니다. 날씨에 따라 그 부침이 크죠. 물론 방법이 없는 건 아닙니다. 태양광이나 풍력을 우리가 필요한 전력 수요 대비 두세 배 정도로 설치하면 되니까요. 하지만 이건 비용도 문제가 되지만 전력망 관리를 위해서도 좋은 방법이 아닙니다. 그래서 전체 발전원 중 일정 비율, 최소한 10%에서 20% 정도는 태양광이나 풍력 말고 전체 발전량에 맞춰 쉽게 조절할 수 있는 방식으로 유지되어야 합니다. 물론 그럼에도 에너지저장장치는 필요하겠지요.

또한 산업 부문에서 필요한 에너지 중 전력화되는 것도 있겠지만 그 대신 직접 열에너지를 생산하는 방식을 채택할 수도 있습니다. 물론 연료는 연소과정에서 온실가스를 내놓지 않는 것이어야겠지요. 그리고 운송수단 중에도 전기 대신 다른 내연기관을 채택할 수도 있고, 전기로 가더라도 전기에너지 공급 방식을 기존 배터리와 다른 방식으로 가져가는 것이 더 좋은 경우가 있습니다. 열차라든가 대형 트럭, 선박과 비행기 같은 것이죠. 건물 난방과 취사도 마찬가지고요. 이렇게 전기 이외의 방식이 발전, 산업, 운송, 건물에 적용되면 그만큼 우리의 기후위기 대응도 유연해질 수 있습니다.

이 모든 곳에 바로 수소가 있습니다. 수소가 새삼 주목을 받고 있는 이유입니다. 먼저 산업 부문을 살펴보자면, 용광로나 석회석의 소성 등 열에너지가 필요한 부분에 전력화 대신 수소 연소장치를 채택할 수 있습니다. 발전 부문에서도 마찬가지입니다. 수소를 태워 터빈을 돌려 지역난방과 발전을 동시에 이룰 수 있습니다. 기존 LNG발전소와 거의 대동소이한 방식입니다. 이런 경우 전력이 필요할 때 빠르게 전력을 만들 수 있고, 전력 수요가 낮아지면 끄면 그만입니다. 대형 트럭이나 고속버스, 선박, 비행기의 경우도 수소연료전지나 수소 터빈이 기존 내연기관 대신 사용될 수 있습니다. 이 경우 기존의 배터리를 이용한 방식에 비해 더 효율적일 수도 있고요. 건물의 경우도 기존 도시가스 배관에 수소를 소량 섞어서 공급하는 것부터 시작해서 대형건물을 중심으로 도시가스 대신 수소를 공급하는 것이 그리 어려운 일은 아닙니다.

이렇게 우리 생활을 유지하는 데에 필요한 화석연료의 일부를 수소로 대체하면 재생에너지 확대도 어느 정도 부하가 줄어들게 됩니다. 이런 이점 때문에 각국 정부와 기업들은 수소산업에서 기후위기 대응에 대한 새로운 활로와 비즈니스의 또다른 기회를 찾고 있습니다. 우리나라 정부도 수소산업 로드맵을 발표했고 포스코도 2050 수소 로드맵을 내놓았죠.

수소의 여러 색

그럼 먼저 수소를 어떻게 만들 것인가를 살펴봅시다. 지구에는 자연 상태의 수소 분자는 거의 없습니다. 대부분 다른 물질과 화학결합을 한 상태로 존재하지요. 가장 흔히 볼 수 있는 것이 물입니다. 수소 원자 두 개와 산소 원자 한 개가 모여 물 분자(H_2O)를 이루죠. 앞서 이야기했던 메탄도 탄소 한 개에 수소 네 개가 모여 메탄 분자(CH_4)를 이룹니다. 뭐, 그 외에도 흔히 유기화합물이라고 하는 것들은 모두 수소가 어떻게든 들어앉아 있습니다. 그리고 우리가 미워하는 화석연료(사실 연료가 무슨 죄입니까? 그걸 맘대로 쓰는 우리가 죄지) 석유, 석탄 모두 수소가 잔뜩 들어 있습니다. 독립적으로 존재하는 녀석이 드문 것이지 수소 자체가 드문 건 아니라는 뜻이죠. 하지만 우리에게 필요한 것은 딴 원자와 결합한 수소가 아니라 그 둘이 결합한 수소 분자(H_2)입니다.

기존에 다른 녀석과 잘 붙어 있던 수소를 떼어내어 수소 분자로 만들려면 돈과 에너지가 들어갑니다. 그 방식이 몇 가지 있는데 그에 따라 색깔 이름을 붙여줍니다. 먼저 돈이 가장 적게 들어가는 것이 '브라운수소brown hydrogen'입니다. 석탄이나 갈탄을 고온과 고압에서 가스로 바꾼 뒤 수소를 추출하는 거죠. 돈은 별로 들지 않지만 수소를 만드는 과정에서 이산화탄소가 가장 많이 발생하는 방식입니다. 수소를 만드는 의미가 없는 거죠. 실제로 생산되는 양도 거의 없고요.

'그레이수소gray hydrogen'는 천연가스를 이용해 수소를 만듭니다. 브라운수소보다는 비싸지만 그래도 비교적 생산 가격이 싼 편입니다. 천연가스는 주성분이 메탄(CH_4)이죠. 촉매를 이용해서 고온의 수증기와 반응시키면 수소(H_2)와 이산화탄소(CO_2)가 나옵니다.* 이렇게 만들어진 수소를 개질 수소라고 하는데, 문제는 1kg의 수소를 만드는 데에 이산화탄소가 10kg이나 나오는 거죠. 브라운수소보다는 이산화탄소 발생량이 적지만 그래도 적지 않은 양의 이산화탄소가 발생합니다. 이 경우도 수소를 만드는 의미가 많이 바래지요.

'블루수소blue hydrogen'는 기본적으로 만드는 과정이 그레이수소와 같습니다. 그러나 그 과정에서 발생하는 이산화탄소를 모아 저장하기 때문에 대기 중으로 빠져나가는 양을 상당히 줄일 수 있지요. 이때 모은 이산화탄소는 다른 용도로 이용하거나 지하 깊은 곳에 묻어서 보관하게 됩니다. 흔히 말하는 탄소포집이용저장(Carbon Capture Utilization Storage, CCUS) 과정을 거치는 거죠.

'그린수소green hydrogen'는 태양광이나 풍력 등 재생에너지로 만든 전기로 물을 전기분해(수전해)해서 만든 수소를 말합니다. 물을 전기분해하면 산소와 수소만 생기니까 생산 과정에서 이산화탄소가 나오지 않아요. 전기도 재생에너지를 사용하면 이산화탄소 발생량이 아주 적고요. 기후위기 대응 측면에서는 가장 좋습니다. 다만 비용이 아직 많이 비쌉니다.

따라서 수소를 연료로 이용한다면 그린수소가 최선이고 그나마

---

* 이 반응의 화학식은 다음과 같습니다. $CH_4 + 2H_2O \rightarrow CO_2 + 4H_2$

블루수소 정도를 써야 합니다. 그래서 유럽연합에서는 2016년부터 '수소 원산지 보증제도'를 통해 어떻게 생산한 수소인지를 파악할 수 있도록 제도화했습니다.

여기서 한 가지 의문이 생기죠. 아니, 태양광이나 풍력으로 전기를 만들어 그냥 쓰면 되지, 왜 굳이 다시 물을 분해해서 수소를 써야 하느냐는 겁니다. 여기에는 두 가지 이유가 있습니다.

앞서 지적했던 것처럼 풍력이나 태양광발전은 우리가 원할 때 원하는 만큼 전기를 만들지 못합니다. 따라서 전기 생산량이 많을 때 남아도는 전기를 저장했다가 모자랄 때 쓸 수 있어야 하죠. 이 남는 전기로 물을 전기분해해서 수소로 만들었다가 필요할 때 쓰는 겁니다. 물론 배터리에다가 저장하기도 합니다. 이런 경우를 BESS(Battery Energy Storage System)라고 합니다. 하지만 BESS는 장기간 저장이 힘듭니다. 여러분들 휴대폰 배터리도 오래 두면 쓰지 않아도 방전되는 것처럼 말이지요. 그래서 BESS는 단기간 저장장치로 유효하고, 수소는 장기간 저장장치로 좋습니다.

하지만 더 중요한 이유는 다른 나라에서 생산한 전기를 수소로 바꿔 수입할 수 있다는 점입니다. 사막기후나 건조한 지역, 그중에서도 적도와 가까운 지역은 우리나라에 비해 동일한 면적의 태양광에서 생산할 수 있는 전력이 몇 배나 됩니다. 2019년 기준으로 중동 지역의 태양광발전에 드는 비용은 한국의 10분의 1도 되질 않습니다. 이런 곳에 태양광발전소를 대규모로 짓자는 거죠. 혹은 풍력도 마찬가지죠. 전 세계 연안 중에는 우리나라 연안보다 바람의 질이 더 좋은 곳이 숱합니다. 이런 곳에 대규모 풍력발전소를 지을 수도 있습니다. 여기서 생산한 전기로 물을 분해해서 수소를 생산하고 마치 LNG운반선 비슷한 수소운반선으로 수소를 들여오는 거지요.

이렇게 들여온 수소가 일정 규모가 되면 큰 역할을 하게 됩니다. 앞서 살펴본 것처럼 발전 과정에서 LNG발전소를 개조해 수소발전소를 만들 수 있습니다. 또 안정적으로 공급할 수 없는 우리나라의 재생에너지 대신 산업현장에도 열에너지원으로 공급할 수 있지요. 그리고 대형 트럭이나 버스의 경우 수소연료전지 자동차도 충분한 경쟁력을 가질 수 있고요.

제4장

기후정의로
가는 길

어떻게 이동해야 할까

얼마 전 기후위기 강연을 하러 갈 일이 있었습니다. 담당하는 분이 어떤 교통편으로 올 건지 물어보시더군요. 저야 차가 없으니 당연히 대중교통으로 간다고 대답했지요. 담당자 분이 기후위기 강연을 하러 오는 분이니 확실히 다르다고 하시더군요. 그냥 웃고 넘어갔지만 사실 속으로 씁쓸했습니다. 담당자 분의 말에 그런 감정이 든 건 아니고, 차의 소유를 선택할 수 있는 사람과 선택할 기회조차 없는 사람은 다르다는 생각이 들어서였습니다.

저는 사실 면허도 없으니 대중교통 말고는 수단이 없기도 합니다만 경제 사정을 생각하면 작은 차 한 대 정도 몰 여유는 됩니다. 하지만 우리나라에는 자기 차가 없는 사람들이 부지기수죠. 차 할 부금과 보험, 휘발유 가격 등 유지 비용을 따지면 아무리 작은 차라도 한 달에 40~50만 원은 기본으로 드니까요.

그래도 자기 주변의 사람들은 거의 차를 가지고 있다고 생각하시는 분들이 많습니다. 우리나라 등록 차량은 2500만 대 정도로 5000만 국민 두 명 중 한 명꼴로 차가 있기는 합니다. 하지만 버스나 택시, 택배 트럭 등을 빼면 차를 가지고 있지 않은 가구도 꽤 많습니다.

조금 지난 자료지만 2018년 기준 자료를 보면, 우리나라 전체 약 2204만 가구에 자가용 승용차 대수는 약 1766만 대로 가구당 0.8대 정도 됩니다. 하지만 차를 가진 가구 중 생계수단으로 승합차나 트럭만 가지고 있는 경우나 한 가구에 자가용을 2대 이상 보유한 가구를 생각하면, 실제 가구당 자가용 비율은 더 떨어져 약 0.6~0.7대가 될 겁니다. 물론 다른 상황도 살펴야겠습니다만 소득 수준으로 볼 때 하위 30%는 대부분 자가용 없이 대중교통만으로 이동한다고 봐도 크게 틀리지 않는다는 이야기죠. 자동차를 가진 경우도 대부분 한 대이고, 이는 꽤 높은 확률로 남성 가장이 몰고 다니는 거지요. 우리나라 가구당 가족구성원이 2.3인 정도니 나머지 1.3인은 주로 대중교통을 이용한다고 봐야죠.

부부가 각기 차를 가지고 있는 경우는 190만 가구 정도입니다. 전체의 15%쯤인 거죠. 결국 이 또한 대충 계산한 거지만 소득 상위 15% 안팎입니다. 드라마에서 보는 남편 차 따로, 아내 차 따로 타고 다니는 모습은 드물진 않지만 대략 가구소득이 연 1억 정도 되는 경우라는 이야깁니다.

또다른 통계도 볼까요? 2021년 국토교통부 통계누리에 따르면, 연령별로 볼 때 70대 이상의 연령대에는 차를 등록한 이들이 아주 적습니다. 20대도 마찬가지고요. 또 여성은 남성에 비해 차량 보유율이 절반이 되질 않습니다. 결국 소득이 낮은 여성과 노인 그리고 20대는 오히려 차가 없는 경우가 더 많습니다. 통계에는 나오지 않지만 고졸 이하 학력이 성인 인구의 30%가 조금 넘습니다. 이들도 꽤 높은 비율로 차를 가지고 있지 않겠지요.

단순하게 말하자면 가난한 사람은 자가용을 몰지 못하니 강제로 기후위기를 극복하는 데에 도움을 주고 있는 셈입니다. 이런 상황에서 기후위기를 극복하기 위해선 자가용 운행을 더 줄이고 대중교통을 더 확대해야 합니다. 지금 1000만 명 정도인 자가용 운전자들이 900만 명, 800만 명, 아니 500만 명으로 줄어들면 그만큼 온실가스 발생량이 줄어듭니다. 그래서 기후위기의 대책 중 운송 분야 대책은 바로 이 대중교통 이용을 더 확대하고 대중교통의 편의성을 증대시키는 방향으로 이루어져야 합니다. 전기차 확대보다 대중교통 정책을 세우는 것이 더 중요하고 시급한 이유입니다. 이 부분을 좀더 자세히 다뤄보죠.

대중교통이 먼저다

기후위기를 주제로 강연할 때마다 거의 매번 '그럼 우리가 무엇을 하면 좋을까요?'라고 묻는 분들이 있죠. 제가 워낙 기후위기의 구조적 맥락을 강조하는 편이라, 개인이 할 수 있는 일이 있을까 하는 회의 속에서도 그래도 우리가 해야 할 일이 있다면 무엇일까를 묻는 것이지요. 그에 대해 제가 꼭 드리는 말이 몇 가지 있는데 그중 하나가 대중교통을 이용하자는 겁니다. 우리나라도 그렇고 세계 전체를 봐도 수송 부문에서 나오는 이산화탄소가 전체의 15% 가량을 차지합니다. 전기 사용량은 제외하고 따진 것으로요. 이 중 70%가 자동차입니다. 즉 자동차가 휘발유나 디젤유를 연소시켜 움직일 때 발생하는 양만 줄여도 상당한 부분을 줄일 수 있다는 것이죠.

이에 대한 대응으로 대부분 가장 먼저 생각하는 것이 내연기관 자동차 대신 전기자동차를 이용하는 것입니다. 실제로 정부나 기업 등이 이런 방향으로 로드맵을 짜고 있지요. 여러 가지 정황상 2030년 무렵에는 특수한 목적의 자동차를 제외하면 새로 만들어지는 자동차는 거의 전기자동차일 것으로 보입니다. 하지만 전기자동차라고 아예 이산화탄소를 내놓지 않는 건 아닙니다. 우선 그 정도 시점이 되어도, 그리고 그 이전에 모든 전기가 재생에너지로 만들어지진 않을 겁니다. 화력발전이 상당 부분 포함되어 있겠지요. 거기다 우리나라의 경우 매년 약 2~3%씩 전기 소비량이 커집니다. 경제가 발전하면서 에너지 소비가 커지는 건 어찌 보면 당연한 이치이기도 합니다.

더구나 기존에 화석연료에 의존하던 부분들을 전기로 대체하면 전기 소비량은 더 빠르게 증가할 겁니다. 가령 가스레인지 대신 인덕션을 사용하고, 공장에서도 석탄 대신 전기를 쓰는 것 등이지요. 마찬가지로 전기자동차가 보급됨에 따라 전기 소비량이 증가하게 되면 재생에너지 보급이 확대되어도 기존 화력발전을 중단할 시기가 늦춰지게 됩니다.

또 하나 전기자동차 생산 과정에서도 이산화탄소는 발생합니다. 일단 차체를 이루는 철을 제련하는 과정에서 다량의 이산화탄소가 나옵니다. 그리고 철과 함께 부품의 대부분을 구성하는 플라스틱도 마찬가지지요. 더구나 인조고무로 만드는 타이어까지 합치면 사실 자동차 생산 과정에서 발생하는 이산화탄소는 만만치가 않습니다.

여기에 전기자동차는 배터리를 제작하는 과정에서도 다량의 이산화탄소가 추가됩니다. 전기자동차 1대를 만드는 과정에서 배출되는 이산화탄소 중 약 절반 정도가 배터리 제조 과정에서 만들어집니다. 그래서 전기자동차는 제조 과정에서 발생하는 이산화탄소량이 기존 내연기관 자동차에 비해 더 많죠. 이 때문에 전기자동차와 내연기관 자동차는 약 4년 정도 운행해야 이산화탄소 발생량이 비슷해지고 그 이후부터 전기자동차의 이산화탄소 발생량이 줄어들게 됩니다. 물론 재생에너지를 이용한 전기 보급이 더 확대되면 이 수치는 달라지겠지만요. 거기에 운행 과정에서 타이어의 마모 등으로 발생하는 이산화탄소와 미세먼지 등은 전기차도 마찬가지입니다.

그래서 수송 과정에서 이산화탄소를 줄일 수 있는 가장 즉각적이고 영향력이 큰 대책이 대중교통을 이용하는 겁니다. 출근길이 약 32km일 때 자가용 대신 버스나 지하철을 이용하면, 1년에 이산화탄소 배출량을 약 2.2톤 줄일 수 있습니다. 만약 1000만 명이 이 정도로 줄이면 2200만 톤을 줄이는 셈이지요. 이 양은 우리나라 전체 이산화탄소 배출량의 약 3%를 차지합니다.

여기에 추가되는 것이 있습니다. 먼저 도심지의 교통량이 대폭 줄어듭니다. 통계에 따르면 도심지의 차량 운행 중 30% 가까이가 주차장을 찾아 헤매는 과정입니다. 자가용 운행이 줄면 도심지 교통량이 크게 줄어들고 이로 인해 도심지의 열섬 효과와 각종 오염물질의 발생량도 줄어듭니다. 또 하나, 필요한 주차 공간이 줄어듭니다. 줄어드는 주차 공간을 녹지로 바꾸면 이 또한 이산화탄소 배출량을 줄이는 데에 도움이 됩니다.

하지만 자가용을 이용하는 이들이 이런 사정을 몰라서 대중교통을 이용하지 않는 건 아니지요. 꽤 많은 재정적인 부담을 주는데도 차를 소유하고 모는 것은 절실하거나 삶의 질을 높이기 때문입니다. 우리집에서 직장까지 가는데 두어 번 지하철과 버스를 갈아타야 하고, 타는 내내 꽉 찬 사람들 틈에서 이미 지쳐버리면 저라도 좀더 쾌적한 출근을 원하게 되는 건 당연합니다. 더구나 경기도에서 서울로 출퇴근을 하거나 같은 서울이라도 동쪽 끝에서 서쪽 끝으로 가는 등의 일은 쉽지 않습니다. 주말에 가족이 야외로 놀러가기라도 하려면 차가 더 간절해집니다. 대중교통으로 갈 수 있는 곳은 한정되어 있고 시간도 훨씬 오래 걸리지요. 집에 환자나 장애인이 있어도 마찬가지입니다. 나이 드신 부모님 모시고 시내라도 나가려면 자연히 자가용을 이용할 수밖에 없습니다.

결국 대중교통이 주는 편익이 자가용이 주는 편익보다 적은 것이 문제가 되는 것이죠. 따라서 대중교통의 편익을 높이고 자가용 운행의 편익을 줄이는 방향으로 정책이 바뀌어야 합니다.

일단 대중교통 이용 비용이 더 줄어야 합니다. 우리나라 대중교통 비용이 싸다고들 하지만 이는 1회 이용에 드는 비용이 쌀 뿐입니다. 외국의 경우 정기적으로 대중교통을 이용하는 이들을 위한 할인권제도가 있어 매일 혹은 자주 이용하는 사람들은 우리나라보다 더 저렴하게 이용할 수 있습니다. 또 소득이 낮은 이들에 대한 대중요금 할인 정책이나 바우처 등이 도입될 필요도 있지요.

그리고 대중교통 이용의 편의성을 높이고 자가용 이용이 대중교통 대비 편익이 낮아지도록 방향을 바꾸어야 합니다. 물론 이는 돈이 드는 일입니다. 지하철 노선을 좀더 많이 확충하고, 철도가 가

닿는 곳이 지금보다 더 광범위하게 늘어나야 합니다. 버스 노선도 더 촘촘해져야 하고요. 반대로 자가용이 주는 편의성이 줄어들게끔 정책이 이루어져야겠지요. 지금도 일부 실시하고 있는 주말의 '차 없는 거리' 등이 더 폭넓게 시행될 필요가 있습니다.

대중교통이 확대되어야 할 이유는 기후위기 이외에도 있습니다. 아침에 마을버스를 타고 나와 지하철로 갈아타고 다시 환승해서 직장에 출근합니다. 점심은 부근 식당에서 해결하지요. 퇴근 후에는 누군가와 만나 반주를 곁들인 저녁을 먹고 다시 출근과 반대 과정을 거쳐 집으로 갑니다. 그사이 우리 시야에 들어온 사람들의 숫자는 못해도 몇백 명, 많게는 천 명이 넘을 겁니다. 그렇게 1년을 보내는 동안 시각장애인을 만난 날이 며칠이나 될까요? 현재 등록된 시각장애인은 25만여 명으로 인구 200명당 한 명이지만 우리가 시각장애인을 만나는 경우는 매우 드뭅니다. 대중교통을 이용하기 힘들기 때문이지요.

지체장애인의 경우도 마찬가지입니다. 등록된 지체장애인은 약 120만 명으로 우리나라 인구 5000만 명 대 120만 명을 비율로 계산하면 100명당 2.4명입니다. 하지만 지하철에서도, 버스에서도 그리 쉽게 만나지 못하지요. 마찬가지로 대중교통을 이용하기 힘들기 때문입니다. 20대가 지팡이를 짚고 걸으면 장애인이지만 70대 노인이 지팡이를 짚고 걸으면 당연하게 여기지요. 하지만 10살이든 100살이든 장애는 장애입니다. 그리고 가벼운 보행장애는 우리나라 70대 노인 둘 중 한 명이 겪고 있습니다. 장애인이 이용 가능한 대중교통이 되어야 할 또다른 이유지요.

대중교통은 이동권의 보편성 차원에서도 확대되어야 합니다. 장애인뿐만 아니라 가난한 사람에게도 열려 있어야 하지요. 자가용으로 한 시간이면 출근할 거리가 대중교통으로 두 시간 걸리는 게 당연하면 안 됩니다. 오랜만의 주말 나들이로 큰맘 먹고 검색해놓은 곳으로 가족과 여행을 떠나고 싶어도 자가용이 없으면 엄두도 못 낼 곳이 이 좁은 대한민국에 숱한 것이 당연하면 안 됩니다. 심야에 일이 끝난 물류센터 알바생들이 버스가 다니는 시간까지 두세 시간을 기다리거나 방향 맞는 이들끼리 택시를 타고 가는 것이 당연하면 안 됩니다.

대중교통 이용 요금도 마찬가지입니다. 노인을 제외하곤 누구나 같은 요금을 내고 이용하는 것은 과연 당연한 걸까요? KTX 요금이 아까워 한 시간 이상 더 걸리는 고속버스를 타는 것이 당연한 일인가요?

두 발 혹은 자전거

또 하나, 시민들이 안전하게 걸을 권리와 안전하게 자전거를 타고 출퇴근할 권리가 확보되어야 합니다. 왜 차가 오르내리는 대신 혹은 건널목 대신, 걷는 이들이 지하도와 육교를 건너야 하는지는 압니다. 건설 비용이 싸기 때문이지요. 차량 운행의 흐름이 끊어지지 않는 것이 중요하기 때문이기도 하지요.

하지만 육교와 지하도로 걷게 되면서 이동이 힘들어지고 포기하게 된 이들이 있습니다. 노인도 장애인도 임산부도 이런 곳으로 다니기는 힘들지요. 과연 우리가 걸어서 이동할 권리가 이런 비용보다 값싼 것일까요? 21세기 들어 육교와 지하도를 점차 철거하고 대신 건널목으로 바뀌거나 엘리베이터가 설치되고 있는 것은 그런 의미에서 다행스러운 변화입니다만, 아직도 도보 접근성이 떨어지는 곳이 많습니다.

자전거로 출퇴근이나 등하교를 하는 것도 쉽지 않지요. 도로와 인도를 만들 때 아예 자전거를 생각하지 않기 때문입니다. 그래서 도로보다 좁은 인도(왜 인도가 도로보다 좁아야 하고, 왜 우리가 걸으면서 서로 부딪히는 걸 고민해야 하는지도 모르겠습니다만)에서 자전거가 함께 다닐 수밖에 없는 거죠. 왜 자전거를 타는 사람이 걷는 사람에게 미안해해야 하고, 걷는 이는 자전거 타는 이에게 짜증 섞인 눈길을 보내야 하나요?

왕복 4차선 이상의 도로에는 양쪽에 너비 한 1.5미터 이상의 자전거도로를 만들고 그만큼 도로 폭을 좁히면 좋겠습니다. 차가 다닐 수 있는 모든 곳에 자전거와 전동휠체어용 전용 도로를 만들어 더이상 걷는 사람을 걱정하지 않고 탈 수 있으면 좋겠습니다. 자전거와 전동휠체어가 다닐 수 없는 길이 있어선 안 됩니다. 하천변에 자전거도로를 개설하는 것은 좋은 일입니다만, 여가용이 아니라 실제 출퇴근이나 등하교, 시장이나 가까운 곳을 갈 때 사고 걱정 없이 자전거를 탈 수 있도록 만드는 것은 시혜가 아니라 우리가 누려야 할 당연한 권리죠.

도심에서 도로를 좁히고 인도와 자전거도로를 늘리는 것, 누구나 이용할 수 있는 대중교통 체계를 만드는 일이 쉬운 일은 아닐 겁니다. 돈도 많이 들겠지요. 결국 우리 세금에서 지불해야 할 돈입니다. 하지만 이 비용을 지불하는 고통을 우리가 감내하는 것이 결국 올바른 방향이라고 생각합니다. 또 도로가 좁아지고 갈 수 없는 장소, 갈 수 없는 시간대가 늘면 자가용으로 움직이는 것이 불편하겠지요. 저는 이 또한 기후위기를 극복하는 과정에서 우리가 나눠야 할 부분이라고 생각합니다. 누구나 자신의 두 발로 자전거로 전동휠체어로 움직이고, 또 대중교통을 이용해 이동할 수 있는 권리를 확보하고, 대신 꼭 다녀야 할 차들만 도로에서 움직이는 미래를 상상합니다.

가끔 도보여행을 다니거나 강연을 갈 때면 서울과 지방의 차이를 여실히 느낍니다. 저는 서울에 거주하는 비장애인 남성입니다. 서울의 처음 가보는 곳을 찾아갈 땐 큰 걱정이 없습니다. 스마트폰이나 컴퓨터로 검색을 하면 버스와 지하철을 어떻게 이어타야 할지 깔끔하게 알 수 있습니다. 실제 가보면 앱이 알려준 것과 별 차이가 없더군요. 물론 앞서 이야기한 것처럼 장애인이나 노인의 경우에는 역시 불편한 점이 한둘이 아니겠습니다만 저에게는 꽤 효율적인 도시입니다.

하지만 지방을 갈 때는 좀 다르더군요. 경기도로 갈 때는 그래도 괜찮은 편입니다. 버스 노선이 잘 깔려 있고 전철도 꽤 여러 노선이 있으니까요. 더구나 제가 가는 곳은 도서관이나 학교 혹은 잘 짜인 도보여행 코스다 보니 대중교통을 이용하기가 더 수월하기도 합니다. 자가용으로 가는 것보다야 시간이 좀더 걸리긴 하겠지만, 경기도 땅이 서울보다 넓고 거리도 있으니 감당할 만합니다.

하지만 경기도라도 외곽의 좀 한적한 곳이나 강원도, 충청도, 전라도 등으로 도보 여행을 갈 때는 대중교통을 이용하는 것이 꽤 힘

---

[*] "스마트 시대에 버스가 하루 한번…서러운 농촌의 '교통약자'", 『중앙일보』 2019년 4월 27일자.; '한산한 교통지옥, 농촌', 『한국농정』 2014년 8월 29일자.; '시골에 버스 없으면 할매들은 다닐 수가 없어요…', 『농촌여성신문』 2017년 5월 19일자.

듭니다. 지방도 광역시와 주요 거점도시는 그나마 사정이 나은 편이지만 그 외 읍면 지역은 더 열악하죠. 우선 전철이 수도권처럼 잘 깔려 있지 않지요. 거기다 버스도 운행간격이 깁니다. 한 시간에 한 대, 두 시간에 한 대씩 있는 경우도 부지기수고, 그곳에서도 외딴 지역은 하루에 몇 대밖에 다니지 않더군요. 그 시간을 맞추기도 어렵거니와 기다리는 시간이 만만치가 않습니다.

그러니 농촌 지역에 사는 이들은 웬만하면 차를 가지고 있습니다. 꽤 나이가 드신 남성 노인들도 차가 있는 경우가 많습니다. 그중에는 너무 연로해서 이제 면허증을 반납해야 할 분들도 꽤 있고요. 하지만 역시나 이는 남자들 이야기입니다. 농촌 지역의 여성들, 특히 나이가 많은 경우 면허증도 차도 없는 경우가 태반이 넘습니다. 교통약자입니다. 하루에 두세 번 오는 버스를 타지 않으면 마을 밖 이동이 불가능합니다.

지방의 거점도시를 중심으로 각 읍면 소재지를 연결하는 노면전차나 순환버스 노선이 더 확대되어야 하는 이유입니다. 여기에 저렴한 택시나 버스로 교통약자를 대중교통 거점까지 이동시키는 수요응답형 대중교통 시스템을 획기적으로 확대할 필요도 있습니다. 수요응답형 대중교통이란 노선을 미리 정하지 않고 이용자가 요구를 하면 그에 맞춰 탄력적으로 운영하는 서비스입니다. 지역민이 적고 고령층 등 교통약자가 많은 경우 교통 사각지역을 해소하기 위한 시스템이지요. 한국교통안전공단에선 농촌형 수요응답형

(Demand Responsive Transport, DRT) 대중교통 시스템을 구축해서 지원하고 있기도 합니다.

또 기존 농어촌버스를 완전공영제로 바꾸는 것도 고민해야 하고요. 실제로 2013년 전남 신안군에서 직접 버스 노선과 운행권을 결정하고 운영한 결과 이용자가 연 평균 3배 이상 증가했습니다. 버스회사에 비용을 보전해줄 때보다 10% 이상 비용이 줄기도 했고요.

또 하나, 도보여행을 다니다보면 마을에서 다른 마을로 이동할 때 국도의 갓길로 가지 않으면 한참을 둘러가야 하는 경우도 생기더군요. 저야 잠시 다녀오는 거지만 걷거나 자전거로 이동할 현지 주민들에게는 여간 위험한 것이 아니었습니다. 지방, 특히 인구가 적은 지역에서 도보로 이동하기에는 거의 불가능해 보이는 곳이 정말 많습니다. 수요가 없는데 어떻게 하느냐고 하지만 이동권은 인간의 기본 권리입니다. 안전하게 걷고, 자전거나 전동휠체어로 이동할 수 있는 권리가 대도시에만 적용돼서는 안 되는 거지요. 더구나 이런 환경은 지방의 젊은 사람들이 도시로 나가게끔 만드는 중요한 이유이기도 합니다.

기후위기 시대의 옷 입기

친환경섬유로 만든 옷, 재활용품을 이용한 신발, 유기농 에코백 같은 광고를 보거나 듣는 게 그리 어렵지 않은 요즘입니다. 과연 어떤 옷과 신발을 입고 신는 것이 기후위기 시대에 좋은 일이 될까요? 많은 사람들이 일단 석유를 원료로 하여 만든 화학섬유보다는 천연섬유를 선호하지요. 천연섬유 중에서도 동물에서 유래한 재료보다는 식물성 재료가 더 좋다고 여기고요. 또 화학섬유라도 페트병 등을 재활용한 제품에 더 눈길이 가곤 합니다.

현재 섬유 중 가장 사용량이 많은 건 폴리에스테르입니다. 대략 57%로 절반 이상을 차지하지요. 그 뒤를 면이 차지하는데 약 27%를 차지합니다. 둘을 합치면 84% 정도죠. 20세기에는 면이 더 많이 사용되었지만 점점 폴리에스테르 판매량이 늘어나면서 2005년에 면을 추월했고 현재는 비중이 두 배쯤 됩니다. 그 외 나일론이나 레이온, 모, 실크 등이 나머지를 차지합니다.

그런데 사실 이들 섬유와 옷이 어떻게 만들어지는지를 보자면 합성섬유건 천연섬유건 한숨이 먼저 나옵니다. 먼저 천연섬유라고 좋은 건 아니라는 점을 살펴보겠습니다. 면부터 얘기해볼까요? 면은 대표적인 '천연'섬유이기도 하고 또한 '식물성'섬유이기도 하지요. 식물성섬유가 면만 있는 것은 아니지만 다른 식물성섬유에 비해 그 생산량과 사용량이 압도적으로 많습니다. 우리들 대부분은 면섬유에 대해 화학섬유보다 환경에도 이롭고, 몸에도 좋다고 생각하지요. 그래서 속옷의 경우 대부분 면으로 만듭니다. 그 외 간단한 티나 청바지도 모두 면직제품이지요. '순면제품'이란 표현이 마케팅용으로 쓰이는 이유입니다.

면화 생산량을 보면 중국, 인도, 미국, 파키스탄, 브라질, 우즈베키스탄 순으로 이들 6개 나라가 거의 대부분을 생산하죠. 그중 중국은 생산량이 세계 최고임에도 불구하고 면화 수입 역시 세계 최고입니다. 엄청난 인구도 인구지만 세계의 공장답게 면직물 가공업체가 워낙 많아서 자국에서 생산하는 면화만으로는 수요를 충족하지 못하기 때문이지요. 전 세계 수입량의 약 3분의 1에 해당하는 양을 중국이 수입하고, 전 세계 소비량의 약 40%를 차지합니다.

첫 번째 문제는 면화를 재배하는 데에 엄청난 물이 들어간다는 점입니다. 1kg의 면화를 생산하기 위해서는 2만 리터의 물이 소비됩니다. 서울 시민 한 명이 하루에 소비하는 물의 양이 300리터인 것을 감안해보면 엄청난 양이지요. 구 소련(현재의 러시아와 그 주변 나라들)은 각 지역마다 특산작물을 심도록 강요했는데, 당시 중앙아시아에는 면화 생산을 강제했지요. 그래서 카자흐스탄과 우즈베키스탄에 걸쳐 있는 아랄해가 끝장이 나버렸습니다. 한때 아랄해는 세계에서 세 번째로 면적이 큰 호수였습니다. 그러나 목화 재배를 위해 물길을 인위적으로 돌려버린 결과 수량이 10분의 1로 줄어들어버렸지요. 아랄해의 대부분은 현재 그냥 맨땅입니다. 남아 있는 호수도 염분이 높고 중금속과 농약에 오염되어 죽어버린 호수가 되었습니다.

두 번째로, 이렇게 많은 물을 필요로 하다보니 비에 의지해선 재배가 불가능합니다. 더구나 면화가 주로 재배되는 지역은 건조한 지대입니다. 우즈베키스탄과 카자흐스탄도 그렇고 중국도 신장-위구르 자치구가 주요 산지지요. 그러다 보니 석유 펌프를 사용해서 지속적으로 물을 대야 합니다. 중국에서도 신장-위구르 자치구는 단위면적당 온실가스 발생량이 가장 많은 축에 속하는데, 면화 생산을 위한 석유펌프 사용이 그 이유의 상당한 부분을 차지합니다.

세 번째 문제로 목화 재배에는 엄청난 살충제가 필요합니다. 목화는 병충해가 심한 것으로 유명합니다. 목화 재배면적은 전 세계 농지의 3%가 되질 않는데 전 세계 살충제의 16% 이상을 소비합니다. 제초제 또한 마찬가지입니다. 땅이 오염되고 물이 오염되지요. 또한 화학비료의 사용 또한 어마어마합니다. 미국의 경우 전체 농업면적의 1%를 차지하는 목화밭에 합성비료와 토양 첨가제, 고엽제 등 화학물질 사용량이 미국 전체 농지의 10%가량 쓰입니다. 목화를 재배하는 농민들도 이런 물질에 노출되고 주변 생태계는 황폐화됩니다. 그 결과 면화는 1헥타르당 2~4톤의 이산화탄소를 배출합니다. (물론 면화를 유기농으로 재배하는 방식은 화학비료와 살충제, 물의 사용량을 줄여 덜 해롭기는 합니다.)

면화는 환경에 미치는 영향뿐만 아니라 다른 문제도 있습니다. 미국을 제외하고 나머지 면화 생산국에서 주요 생산자들은 가난한 소농이거나 소작인입니다. 특히 우즈베키스탄의 경우 면화 재배가 국가 경제의 핵심 산업 중 하나입니다. 재배된 목화는 모두 국가에서 독점 매입합니다. 자신의 밭이라고 목화 대신 다른 작물을 심을 수도 없습니다. 특히나 수확철인 9월부터 3개월여 동안은 아이들도 강제로 동원되어 노동을 하게 됩니다. 11살에서 17살 정도의 아이들이 적게는 50만 명에서 많게는 200만 명에 이른다고 합니다. 우리나라의 대우인터내셔널도 바로 이곳에서 아동 노동에 의해 생산된 면화를 사들이고, 현지에 합작법인으로 설립한 방직공장을 통해 수출하고 있습니다. 우즈베키스탄의 강제 아동 노동은 전 세계적인 공분의 대상이 되고 있지요. 인도에서도 면화는 문제가 됩니다. 인도의 경우 농민의 빈곤자살이 21세기 초 아주 심각한 사회문제였는데, 이들 대부분이 면화 재배 농민들입니다. 여기에 중국의 신장-위구르 자치구에서 생산된 면화를 둘러싸고 위구르족의 강제 노동 문제가 제기되고 있는 실정입니다.

면화로 제품을 만드는 과정 또한 문제입니다. 보통 20여 단계의 가공 과정을 거치게 되는데, 그중 표백 과정에서는 다이옥신dioxin 이란 발암물질이 발생할 수 있고, 수지가공 과정에서는 국제암연구소에서 1급 발암 물질로 그리고 우리나라에서 인체 발암 의심 물질로 정해진 포름알데히드가 사용됩니다. 방축pre-shrinking 과정(세탁 후 옷이 수축하는 것을 방지하기 위해 미리 수축시키는 과정)에서는 생산 과정에서 에너지 소모가 많은 액체암모니아가 사용됩니다. 수질오염을 일으키는 염색 과정도 있습니다.

또 하나는 이런 과정을 담당하는 노동자 문제입니다. 중국이 전 세계 면화의 30%를 수입한다고 말씀드렸는데요. 중국의 섬유산업은 1980년대부터 연 평균 30%씩 성장했습니다. 티셔츠 10장 중에서 6장 이상이 중국에서 만들어지지요. 그 덕분에 티셔츠 가격은 아주 저렴해졌습니다. 낮은 임금과 열악한 처우에도 불구하고 가난한 농민들이 끊임없이 일자리를 찾아 도시로 몰려들기 때문이지요. 이런 섬유 노동자의 삶은 인도, 방글라데시, 파키스탄 등도 마찬가지입니다. 세계 의류 시장은 20세기 말부터 급성장했는데, 그 이면에는 이런 저임금 노동이 있습니다. 우린 더 저렴하게 옷을 사고, 더 쉽게 버리게 되었지요. 그래서 어떤 이들은 면섬유를 '세상에서 가장 더러운 옷감'이라고도 부릅니다.

두 번째로 많이 사용되는 천연섬유는 레이온, 즉 인견입니다. 인견이란 말은 인조견직물, 즉 비단과 비슷하다는 뜻의 용어입니다. 영어로는 비스코스 레이온viscose rayon이라고 합니다. 면 조각이나 나무, 종이 등을 화학용제로 녹여내서 실을 뽑아 씁니다. 원재료가 천연에서 나온 것이니 천연섬유의 일종이라고 볼 수 있습니다. 그런데 문제는 이 과정이 대단히 위험하다는 것입니다. 가공 과정에서 사용하는 용제들로 인해 노동자들의 산재가 끊임없이 발생합니다.

　시작은 미국이었습니다. 1900년대 초 미국의 레이온 공장에서 일하는 노동자들에게 정신장애와 신경증상이 심각하게 나타납니다. 저항과 소송과 재판이 잇달아 일어났고 견디다 못해 레이온산업은 일본으로 이전됩니다. 그 뒤 일본에서도 이황화탄소 중독 증세가 나타나면서 공장 노동자들 중 뇌혈관 장애에 따른 정신장애나 마비 환자들이 나오지요. 그러자 다시 일본에서도 레이온산업이 퇴출되지요. 그 기계를 들여와 1966년에 세운 기업이 남양주군 도농동의 원진레이온입니다. 당연히 1980년대 직업병 환자가 보고되었고, 결국 산재 사망자 8명, 장애판정 637명이 발생합니다. 물론 당시 상황에서 인정받지 못한 사람은 더 많았지요. 결국 회사는 1993년 폐쇄되었습니다만 기계는 다시 중국으로 넘어가지요. 물론 중국에서도 공장 가동 중 온갖 질병이 한국 못지않게 발생합니다. 지금 우리나라에서 사용되는 인견은 모두 외국에서 생산한 원단을 들여와 가공하고 있습니다. 레이온의 역사는 그곳 공장에서 일했던 노동자들의 모진 삶과 떼어낼 수 없습니다.

　그렇다고 합성섬유를 쓰는 것도 탐탁지 않은 건 마찬가지입니다. 제조 과정에서 온실가스가 천연섬유보다 더 많이 발생하지요. 폴리에스테르의 경우 면직물에 비해 이산화탄소 발생량이 두 배가 넘습니다. 2015년 섬유용 폴리에스테르 생산 과정에서 7억 5000만 톤의 온실가스를 내놨는데 이는 석탄발전소 185개와 맞먹는 양입니다.

화학섬유는 다들 알다시피 석유가 원료입니다. 석유를 정제하는 과정에서 나프타라는 물질을 추출하지요. 이렇게 추출된 나프타를 가지고 화학섬유의 원료를 만듭니다. 가장 많이 쓰이는 폴리에스테르는 테레프탈산이 원료입니다. 그다음은 사이클로헥산으로 만드는 나일론이 화학섬유 중 8% 정도 쓰입니다. 이 과정 과정마다 이산화탄소가 발생합니다. 일반적으로 플라스틱 등 석유가공제품은 생산 과정에서 발생하는 이산화탄소가 60%쯤 되지요. 재활용을 한다고 해서 해결될 문제가 아닙니다.

또다른 문제는 '미세섬유'입니다. 합성섬유로 만든 옷을 세탁기에서 돌리면 '미세섬유'라고 부르는 매우 작은 섬유 가닥이 나옵니다. 현미경으로나 겨우 보이는 아주 작은, 일종의 플라스틱입니다. 국제자연보전연맹(IUCN)은 요사이 심각한 문제로 떠오르고 있는 해양 오염의 주범 중 하나인 미세플라스틱 발생량의 35%가 이렇게 발생한다고 주장하고 있습니다.[*]

미세섬유는 워낙 작아서 하수처리시설에서 걸러지질 않습니다. 즉 전부 강으로, 다시 바다로 흘러갑니다. 이렇게 바다로 나간 미세섬유는 바다에 있는 독성물질을 흡착합니다. 마치 우리 옷에 잉크

---

[*] *Primary Microplastics in the Oceans: a Global Evaluation of Sources*, Authors: Julien Boucher, Damien Friot, IUCN, Gland, Switzerland.

가 묻으면 지워지지 않는 것과 비슷하지요. 이런 상태로 바다생물에게 흡수됩니다. 일단 생물체 안으로 들어온 미세섬유는 빠져나가지 못하고 축적됩니다. 그리고 이 물고기들이 다시 우리 식탁에 올라오는 거지요. 물고기의 내장에서 이런 미세섬유나 미세플라스틱이 발견되는 건 이제 아주 평범한 일이 되었습니다. 우리나라 남해 연안은 특히나 이 미세플라스틱 오염도가 세계 최고 수준으로, 거제와 진해 앞바다에는 $1km^3$당 평균 55만 개의 미세플라스틱이 있다고 합니다. 세계 평균보다 무려 8배나 되는 수치입니다.

그렇다고 소각을 할 수도 없습니다. 합성섬유의 소각 과정에서는 다이옥신과 같은 유독물질들이 엄청나게 나오지요. 더불어 이산화탄소도 다량 나오게 됩니다. 만들 때도 이산화탄소가 나오고 탈 때도 이산화탄소가 나오니 참 문제가 아닐 수 없지요.

결국 문제는 합성섬유냐 천연섬유냐가 아니라 과다 소비의 문제입니다. 21세기 들어 패션산업에서 가장 많이 등장하는 단어 중 하나가 패스트패션입니다. 패스트푸드에서 유래한 말이죠. 유행에 따라 빠르고 값싸게 생산되고 유통되는 옷들입니다. 자라 ZARA, 망고Mango, 유니클로UNIQLO 등이 대표적이지요. 당시의 유행을 따르고 가격도 싸니, 유행이 지나면 쉽게 버려지기도 합니다. 삼성패션연구소 조사에 따르면, 국내 패스트패션 시장규모는 2008년 5000억 원에서 2017년 3조 7000억 원으로 10년간 7배 이상 급성장했습니다. 많이들 산 거지요. 그리고 많이 버리기도 합니다.

환경부에 따르면 2008년 5만 4677톤이었던 국내 의류 폐기물은 2014년 기준 7만 4361톤으로 1.36배 증가합니다.* 우리나라의 경우만 그런 것이 아닙니다. 21세기 들어 전 세계 의류산업이 10배 이상 커지는데 그에 따라 의류 폐기물도 폭발적으로 증가하지요. 더구나 그 대부분은 패스트패션의 소재인 폴리에스테르입니다. 우리나라의 경우 다행스럽게도 폐기물 처리를 80% 가까이 소각과 매립으로 처리했던 2002년에서 현재는 60% 이상 재활용하고 있습니다. 그렇다고 문제가 해결되지는 않습니다. 이미 만들어진 옷이 재활용된다고 한들 그 과정에서 다시 이산화탄소가 발생하고, 그렇게 재활용된 뒤에는 결국 폐기될 수밖에 없으니까요.

합성섬유건 천연섬유건 옷을 만드는 과정에서는 이산화탄소가 발생하고, 물이 소모됩니다. 환경을 생각한다면 합성섬유를 사용하는 것이나 천연섬유를 사용하는 것이나 모두 문제가 됩니다. 현 시점에서 가장 중요한 문제는 과다하게 많은 옷이 생산되고 유통되고 소비되며 폐기된다는 점입니다.

그럼 우리가 해야 할 일은 뭘까요? 아주 간단합니다. 옷을 사지 않으면 됩니다. 물론 헐벗고 다닐 순 없으니 옷이 필요하긴 합니다. 하지만 새 옷을 사기 전에 잠시 다른 방안을 생각해보죠. 우선

---

* 「[디지털스토리] 옷 한벌 만드는데 고작 1주일…환경 파괴 부른다」, 『연합뉴스』 2017년 9월 9일자. https://www.yna.co.kr/view/AKR20170908163300797

수선을 합시다. 예전 제가 어릴 때만 하더라도 양말에 구멍이 나면 꿰매 신었지요. 내복도 마찬가지였습니다. 겉옷 같은 경우도 잘 닳는 팔꿈치 등에 천을 덧대 입고 다니기도 했고요. 집에서 하기 힘들면 수선가게에 가면 됩니다. 그리고 또 꼭 필요한 옷이 있으면 되도록 다른 이들이 입던 옷을 입으면 좋겠습니다. 교복도 물려 입는 것처럼 다른 이들에게 필요가 없어진 옷을 가져다 몸에 맞게 수선해서 입으면 얼마나 좋겠습니까?

소비자로서의 우리는 옷을 덜 사는 것이 최선입니다만 시민으로서의 우리가 할 일도 있습니다. 패스트패션 업계가 하청을 주는 생산공장이 어떤 노동환경에 있는지 투명하게 밝힐 것을 요구해야겠죠. 또 소재가 되는 면과 폴리에스테르를 어디서 공급받는지, 그 과정에서 발생하는 온실가스 배출량은 어느 정도인지 정확하게 밝히고 옷마다 표시할 것을 요구해야 합니다. 또한 재고로 쌓인 옷들을 어떻게 처리하는지에 대해서도 투명하게 밝히게 해야 합니다. 패스트패션 업계에 대해 이런 조치를 취하도록 정부에도 요구해야겠지요.

재활용이 최선일까

페트병으로 만든 옷이 주목을 받고 있습니다. 플라스틱 재활용의 사례로 소개되고, 또 기업들도 친환경 섬유로 만들었다고 강조들을 하죠. 그런데 과연 정말 이게 친환경일까요? 페트병을 그냥 버리는 것보다야 나은 것이 사실입니다만, 페트병으로 만든 옷은 정작 재활용에서는 가장 나쁜 사례 중 하나입니다.

먼저 투명 페트병을 가장 잘 사용하는 것은 재활용이 아니라 재사용입니다. 그냥 다시 페트병으로 쓰는 거지요. 유럽연합의 경우 2025년까지 25%, 2030년까지 30%를 재사용하는 것을 목표로 삼고 있습니다. 미국은 2018년 기준으로 21%를 병 제조에 투입하고 있죠. 하지만 한국은 0%입니다. 얼마 전까지 플라스틱을 재활용한 원료는 식품과 닿는 곳에 사용할 수 없도록 제한했기 때문입니다. 최근 안전성이 인정된 재생원료라면 식품 접촉면에 쓸 수 있도록 바뀌었으니 앞으로는 그런 페트병이 등장하겠지요.

그럼 페트병으로 옷을 만드는 게 좋지 않은 건 왜일까요? 옷으로 만들어지면 다시 폐기할 때 노끈이나 솜 등을 만드는 용도로밖에 재활용이 되질 않습니다. 재활용률도 낮습니다. 기껏해야 20%도 되질 않습니다. 결국 매립하거나 태울 수밖에 없는 거지요. 두 번째로 페트병으로 만든 옷을 세탁할 때 일종의 미세플라스틱인 미세섬유가 나온다는 점이죠. 이런 미세섬유는 필터로 걸러지지 않기 때문에 그냥 바다로 가게 됩니다.

재활용률이 높다는 알루미늄 캔은 어떨까요? 우리나라 알루미늄 캔 재활용 비율은 80%가 넘습니다. 엄청나게 높죠. '어 그래, 그럼 이왕 사는 거 페트병 말고 캔으로 사면 되겠네'라고 생각하실 수 있죠. 그러나 재활용된 알루미늄 캔의 70% 정도는 금속 제련 과정에서 산소를 제거하는 용도로 사용합니다. 이런 경우 다시 재활용하기 어렵습니다. 결국 알루미늄 캔이 다시 새로운 캔으로 재활용되는 건 약 25%도 되질 않습니다. 캔 네 개 중 세 개는 한 번 재활용하고 버려지는 것이죠.

종이팩의 경우도 마찬가지입니다. 종이팩을 만들려면 종이 포장재를 여러 겹으로 쌓고 중간에 얇은 알루미늄도 들어갑니다. 이걸 다시 팩으로 재활용하긴 쉽지 않습니다. 결국 종이 타월이나 화장지 등으로 재활용하게 되는데 이것들은 아시다시피 거의 재활용이 되질 않습니다.

다운 리사이클링은 재활용을 하되 기능과 품질이 기존 가치보다 떨어지는 걸 뜻하는데 지금 재활용의 대부분이 이런 다운 리사이클링인 거죠. 더구나 재활용이 무한히 되풀이되는 것이 아니라 한두 차례 이루어지면 그 뒤로는 폐기할 수밖에 없는 한계가 있습니다.

여기에 재활용 과정 자체도 일단 에너지가 들어가고 이산화탄소 등의 온실가스가 발생한다는 사실까지 생각해보면 재활용에 대해 새로운 관점으로 바라볼 필요가 있다는 생각이 들지 않을 수 없습니다. 필수적인 물건을 만들고 다시 재활용하는 거야 어쩔 수 없지만, 재활용이 심리적 부담을 덜어서 소비를 늘리는 거나, 기업의 그린 워싱으로 이용되는 건 영 탐탁지 않은 일이지요.

사실 가장 좋은 건 재활용해야 할 물건을 없애는 거죠. 가령 샴푸를 살 때 집에 있는 용기를 들고 가서 샴푸 내용물만 담아오는 식으로 말이죠. 쌀이나 보리, 통밀 같은 알곡도 그램 단위로 사서 준비한 용기에 담아오고, 과자나 다른 제품도 마찬가지로 준비해 간 용기에 담아 용기나 포장을 없애는 것이 가장 좋은 재활용 대책입니다. 이 부분을 좀더 살펴보죠.

내가 사고 싶은 양만큼 내 용기에 담을 권리

다이어트 중에 대형 마트에 물건을 사러 왔는데 갑자기 초코쿠키가 당깁니다. 자연스러운 일이지요. 쿠키류를 파는 곳으로 가서 살펴보는데 마침 딱 먹고 싶은 게 있습니다. 그런데 20개들이 한 박스로 포장이 되어 있네요. 당신은 딱 두 개만 사서 커피와 함께 먹고는 끝내고 싶어요. 다이어트 중이니까요. 하지만 20개가 들어 있는 상자를 하나 사면 초코쿠키 두 개로 끝나지 않겠지요. 왜 초코쿠키를 낱개로 팔지 않는 걸까요?

콜라를 사서 시원하게 마시고 싶습니다. 하지만 너무 많이 마시고 싶진 않아요. 카페에서 내 텀블러에 커피를 담는 건 되는데 왜 마트에서 내가 가져간 밀폐 용기에 콜라를 원하는 만큼 담아오는 건 안 되는 걸까요? 라면을 살 때 한 봉지씩 사야 할 이유가 있을까요? '내가 가져온 용기에 라면 사리 3개, 분말스프 30g 담아 줘요.' 혹은 '사리는 ×라면으로 소스는 ××볶음면으로 가져가겠어', '나는 비빔면 사리는 3개, 그런데 비빔소스는 2개만 있어도 돼요.' 이렇게 가져갈 수는 없는 걸까요?

채소를 살 때도 당근 반 개, 파 두 뿌리, 양파 한 개, 청양고추 두 개, 이렇게 딱 나한테 필요한 양만큼 비닐 포장 없이 내가 가져온 용기에 담아가면 버리는 것도 없겠죠. 쌀도 가져가기 편하게 딱 500g만 사고, 된장 300g, 간장 500ml, 식초 300ml 이렇게 용기에 담아오면 좋지 않겠어요? 비누는 2개, 샴푸 200ml, 린스 200ml, 주방용 세제 200ml, 이렇게 용기에 담아오는 건 또 어떨까요?

이렇게 원하는 상품을 원하는 양만큼 직접 가져온 용기에 담아가는 건 소비자의 권리입니다. 이게 가능해지면 몇 가지 좋은 점이 있습니다. 먼저 너무나도 당연하게 내가 필요한 만큼만 살 수 있습니다. 다들 싸다고 대용량 제품을 샀다가 다 쓰거나 먹지도 못한 채 음식물 쓰레기가 되고, 냉동실 지박령이 되고, 그렇지 않아도 좁은 집을 더 좁게 만들다가 '당근'으로 겨우 처리한 경험이 있을 겁니다.

왜 대용량 제품은 싸고 소용량 제품은 비싼 걸까요? 이유야 여러 가지 있겠지만 포장비도 거기서 빠지지 않습니다. 만약 사는 양의 차이와 포장비가 관계가 없다면 당연히 가격 차이가 크게 나지 않을 겁니다. 포장된 상품으로 사야 할 용량보다 초과해서 사게 되는 것 자체가 쓰레기를 만들고 이산화탄소를 더 많이 배출하게 되죠.

또 이렇게 필요한 만큼 사서 쓰는 과정에서 쓰지 않고 버리는 게 줄어들면 자연히 판매량 자체가 줄고 그러면 생산량도 줄겠지요. 제품 생산 과정에서 발생하는 온실가스도 자연스레 줄게 됩니다. 그리고 가장 중요한 포장재가 필요 없어집니다. 예를 들어 초코쿠키 한 팩은 쿠키 하나마다 비닐 포장이 되어 있고, 그걸 또 종이 포장 등으로 싸놓죠. 이런 포장재 자체가 줄어들면 자원 낭비와 환경 오염을 의미 있게 줄일 수 있습니다.

환경부가 한국환경공단 자료를 분석한 결과에 따르면, 2019년 화장품 용기 7806종 가운데 '재활용 어려움'은 64.2%인 5011종이 있었습니다. 화장품을 사면 재활용이 불가능한 용기도 같이 사는 것인데, 내용물만 살 수 있다면 재활용이 불가능한 용기는 사지 않아도 되는 셈입니다.

그런 곳이 실제로 있습니다. 리필스테이션이라고 하지요. 아모레퍼시픽, 아로마티카, LG생활건강 등이 리필스테이션을 운영합니다. 리필 용기에 원하는 제품의 내용물을 담아주는 곳이죠. 하지만 한두 곳뿐이죠. 소비자가 어렵게 발품을 팔아서 구입해야 합니다. 모든 제품이 다 리필이 되는 것도 아니고요. 롯데마트 잠실점에는 켈로그의 시리얼을 자기가 원하는 용량만큼 파는 자판기가 생겼습니다. 이마트는 10곳의 매장에서 슈가버블과 함께 리필스테이션을 선보이고 있지요. 주방·세탁세제, 섬유유연제, 샴푸, 바디

워시 등을 팝니다. GS25와 세븐일레븐도 자판기 형태의 리필스테이션을 몇 곳에서 운영 중입니다. 서울시의 경우도 대형마트에 진입한 제로마켓을 운영하는데, 세제와 샴푸 외에 비누와 칫솔 등도 판매합니다.

그리고 환경운동의 취지에 맞게 제로 웨이스트 운동을 제대로 하는 망원시장의 알맹상점이 있습니다. 알맹상점 홈페이지(https://almang.net/)에 들어가면 전국의 제로 웨이스트 상점 지도가 있으니 다른 지역에서도 참고하실 수 있습니다.

기업체에서 운영하는 곳들은 한정되어 있고 또 한계도 많습니다. 소비자가 자기 권리를 찾겠다는데, 이런 곳을 일일이 검색하고 또 먼 곳에서 찾아가는 게 옳은 일일까요? 사실 이 문제를 해결할 방법이 있습니다. 곳곳의 시장에 공공기관 혹은 상인회의 시범 운영으로 이런 가게들을 열고, 대형 마트도 의무적으로 리필스테이션을 제대로 운영하도록 정책을 바꾸면 됩니다. 기업이 정해준 대로 포장과 양을 구입해야 하는 것은 소비자의 권리, 시민의 권리를 침해하는 일이죠. 당연히 정부와 지자체가 나서서 이를 시정하도록 요구할 권리가 우리에게 있습니다.

무엇을 얼마나 먹을까

유엔환경계획(UNEP)의 '음식 폐기물 지수 보고서 2021'에 따르면 2019년 기준 약 9억 3000만 톤의 음식이 버려지고 있습니다. 비율을 보면 가정에서 버려지는 것이 61%입니다. 흔히 음식물 쓰레기라고 하죠. 나머지는 식품 서비스에서 26%, 소매에서 13%입니다. 이렇게 버려진 음식물에서 연간 33억 톤의 온실가스가 배출되고 있죠. 이는 전 세계 이산화탄소 발생량의 6% 수준입니다. 이 양은 전 세계 음식량의 17%에 이르는 양입니다.

전체적으로 선진국일수록 1인당 음식물 쓰레기 배출량이 많고 가난한 나라일수록 적습니다. 가장 많은 지역은 북미와 오세아니아로 1인당 연간 110kg의 음식물 쓰레기가 발생하고 있습니다. 다음은 유럽으로 1인당 90kg의 음식물 쓰레기가 발생하죠. 한국과 일본을 포함한 산업화된 아시아는 1인당 80kg입니다. 이에 비해 사하라사막 이남의 아프리카는 1인당 음식물 쓰레기 발생량이 미국의 22분의 1인 5kg에 불과합니다. 남아시아 역시 15kg이고, 라틴아메리카는 25kg, 중동 지역은 35kg입니다. 우리나라를 비롯한 선진국이 음식물 쓰레기 줄이기에 더 힘써야 하는 이유입니다.

우리나라 하루 음식물 쓰레기 발생량은 2019년 기준 1만 5903톤으로 전체 쓰레기의 약 30%를 차지하고 있으며 연간 약 580만 톤입니다. 이 중 재활용되는 음식물 쓰레기는 약 520만 톤으로 발생량의 약 90%입니다. 하지만 이는 재활용시설에 반입된 음식물 쓰레기를 따질 때 이야기입니다. 그리고 반입된 음식물 쓰레기의 80%가량은 폐수의 형태로 배출됩니다. 물론 이는 음식물 쓰레기의 수분 함량이 70% 정도 되는 걸 감안해야 합니다만, 이 폐수를 다시 정화하는 과정에서 소모되는 에너지도 생각할 수밖에 없지요. 결국 음식물 쓰레기 중 실제 사료나 퇴비로 사용되는 양은 전체 음식물 쓰레기의 20% 수준에 불과합니다.

음식물 쓰레기 분쇄기도 문제가 됩니다. 현재 설치된 대부분의 분쇄기는 정부 기준을 지키지 않고 있습니다. 분쇄기로 재활용될 수 있는 음식물 쓰레기를 분쇄하면 그중 많은 양이 하수도를 통해서 버려집니다. 분쇄된 음식물 쓰레기 슬러지sludge는 하수도를 막히게 하고 강에서 수질오염을 일으키는 원인이 되기도 합니다. 또한 이렇게 버려진 음식물 쓰레기가 분해되는 과정에서 이산화탄소와 메탄이 발생합니다. 불편하고 냄새가 나더라도 일단 발생한 음식물 쓰레기는 분리수거하는 것이 최선입니다.

유엔이 2017년 채택한 '지속가능한 개발을 위한 2030년 어젠다'에 따르면 "2030년까지 소매 및 소비자 수준에서 1인당 식품 폐기물을 2분의 1로 줄이고 식품 생산 및 유통 과정에서 발생하는 식품 손실량을 감축"하는 것을 목표로 하고 있습니다. 우리나라의 경우 전 국민이 음식물 쓰레기를 50%만 줄이면 연간 4000억 원의 쓰레기 처리 비용이 줄고, 에너지 절약 등으로 12조 원에 달하는 경제적 이익을 얻을 수 있다고도 하지요. 또한 음식물을 만들기 위해 소비되는 물과 토지 자원뿐만 아니라 여타 많은 에너지 소비를 줄일 수 있습니다.

음식물이 식탁에 오르기까지 많은 과정을 거칩니다. 농경지에선 작물을 재배하고, 과수원에선 과일을 재배합니다. 축산 농가와 양식장에선 육류와 어류를 공급합니다. 그뿐만이 아니죠. 식자재는 선별되고 가공되며 운송 과정을 거칩니다. 이 과정 전체에서 에너지가 소비되고 이산화탄소가 발생하며 음식물 쓰레기가 만들어집니다. 음식물 쓰레기 줄이기가 음식물 소비량을 줄이는 것으로부터 시작해야만 하는 이유입니다.

그래서 많은 이들이 어떻게 음식물 소비량을 줄일 수 있는지에 대해 이야기합니다. 대략 이런 내용이죠. 장을 보기 전 필요한 물품을 미리 체크하고 장을 본 후에는 한번에 먹을 만큼씩 소분해서 냉동·냉장 보관하는 것만으로도 음식물 쓰레기를 줄일 수 있습니다. 또한 자투리 식재료를 따로 보관하고 채소과 과일의 껍질을 말려 육수를 내고, 식재료별 보관 방법을 파악해 적용하면서 냉장고의 반 정도는 비워두는 겁니다. 필요 이상의 음식을 보관하지 않으면 전기요금도 줄어들죠. 또 외식을 했을 때 남는 음식은 귀찮아도 포장을 합시다. 우리가 조금 더 신경쓰면 음식물 구입량을 줄이면서 동시에 음식물 쓰레기양도 적게는 20%에서 많이는 절반 정도 줄일 수 있습니다. 온실가스 발생량을 줄이기 위한 실천 중 개인이

할 수 있는 가장 의미 있는 일이 음식물 소비량을 줄이고 그 결과로 음식물 쓰레기를 줄이는 것입니다.

더구나 현재 인구 증가 속도를 감안하면 2050년에는 지금에 비해 식량 생산량이 60% 증가해야 하지만 음식물 소비를 줄임으로써 필요한 식량 증가량을 획기적으로 줄일 수 있습니다. 20%에 가까운 음식물이 쓰레기가 되지 않고 그중 일부라도 필요한 사람에게 닿게 된다면 얼마나 좋겠습니까? 앞으로 식량이 더 필요해질 것은 사실이지만 그 증가량을 조금이라도 낮춘다면 이는 숲을 농경지로 바꾸는 일을 줄일 뿐 아니라 심각해지는 물부족 현상을 개선하는 데도 도움이 됩니다.

그리고 선진국의 음식물 줄이기는 식량 가격을 안정화시켜 저개발국가의 가난한 이들이 기아에 시달리는 비율 또한 상당하게 낮출 수 있습니다. 다른 상품도 그렇지만 식량의 경우 조금만 부족해도 금방 가격이 천정부지로 솟아오릅니다. 그 피해는 고스란히 가난한 나라의 가난한 사람들이 보게 되지요. 러시아가 우크라이나를 침공하자 밀 가격이 올랐고, 그 때문에 가장 큰 피해를 본 것은 사하라사막 이남 아프리카의 가난한 사람들이었습니다.

이처럼 기후위기는 개인의 실천도 중요하지만 더 중요한 것은 지구적 차원의 문제 해결입니다. 하지만 앞에서 언급한 대중교통 문제뿐만 아니라 음식물 문제도 개인의 실천이 상당이 중요합니다. 특히 어떤 음식을 먹을 것인가는 온실가스 배출량에 큰 영향을 미칩니다. 우리가 먹는 음식 중 육류와 어류 그리고 유제품은 대략 30%를 넘어서지 않습니다. 그런데 온실가스는 60% 이상이 이들에서 나옵니다. 다들 아시다시피 소나 양 같은 반추동물은 소화 과정에서 메탄가스를 내놓죠. 목장을 관리하는 과정에서, 어선의 연료에서 온실가스가 나옵니다. 사료를 재배하는 과정에서도 비료와 거름을 사용할 때 온실가스가 나옵니다. 그리고 사료를 만들기 위해 숲을 개간하는 과정에서 또한 온실가스가 나옵니다. 이 모두를 합하면 53%입니다. 여기에 가공 과정과 포장·운송 과정을 합하면 육류의 생산과 유통·소비 과정에서 나오는 온실가스는 60% 이상 70%에 가깝습니다. 모두가 채식주의자가 될 순 없습니다. 하지만 되도록 육류 소비를 줄이는 건 우리 모두가 할 수 있는 일입니다.

또 하나, 육류 소비와 관련해서 고민해볼 지점이 있습니다. 탄소세 문제입니다. 탄소세는 원래 화석연료를 중심으로 부과하는 제도입니다만 온실가스 배출이 아주 큰 육류에 부과하는 방안도 생각해볼 수 있습니다. 같은 육류라도 닭을 기준으로 보았을 때 같은 중량당 돼지는 2배, 소는 4배의 온실가스가 나옵니다. 생선은 닭보다 적은 경우가 많고요. 배출되는 온실가스만큼 탄소세를 부과하면 전반적인 육류 소비를 억제할 수 있습니다.

하지만 이는 또다른 두 가지 문제를 낳게 됩니다. 하나는 저소득층이 주로 육류 소비를 억제하게 될 것이고 고소득층은 이와 무관하게 소비할 수 있다는 거죠. 돈 좀 있는 이들은 숯불(온실가스 배출량으로만 보면 탄소세 대상이 될 수 있습니다)에 소고기를 구워먹고 한 끼에 약 20만 원을 지불하고, 가난한 이들은 식물성 원료로 만든 대체육을 전기그릴에 구워먹고 한 끼에 2~3만 원을 지불하는 식으로 말이지요. 과연 이렇게 육류 소비에서의 불평등을 정책으로 강제하는 것이 올바른 일일까에 대한 고민이지요. 또 이렇게 육류 소비를 급속히 줄일 경우 축산농가에 끼칠 영향을 생각하지 않을 수 없습니다. 이 부분도 정의로운 전환의 한 영역으로 고민해야 할 부분입니다.

프랑스의 미식가 장 앙텔름 브리야사바랭은 『미식예찬』에서 "그대 무엇을 먹는지 말하라, 그러면 나는 그대가 누군지 말해보겠다"라는 유명한 말을 남겼죠. 제 식대로 이해하자면 '내가 먹는 것이 곧 나를 이룬다'는 뜻이 아닐까 합니다. 먼 곳의 비싼 다이닝에 가기 위해 온실가스를 뿜어대는 비행기를 타고 가서 값비싼 먹을거리로 만들어진 우아한 음식을 즐길 수도 있고, 오마카세 일식집에서 한 끼에 몇십만 원 하는 코스 요리를 먹을 수도 있죠. 저도 가끔 그런 음식을 먹고 싶다는 욕망을 느낍니다. 저보다 미각이 뛰어난 분들은 그런 음식이 갖는 가치를 더 많이 느낄 수 있을 겁니다.

그 음식들을 조리하기 위해 수련하고 고민한 요리사들의 노력과 연구도 느낄 수 있고, 식재료를 최상으로 만들어내려 갖은 수고를 아끼지 않은 장인들의 노력도 있습니다. 반대로 저처럼 그런 음식에서 느껴지는 지독한 불평등에 대해 오히려 더 예민한 사람도 있지요. 누군가는 20세기 초 벨 에포크 시대에서 풍요롭고 화려한 유럽 사회를 떠올리지만, 또다른 이는 그 시대 식민지 민중의 삶을 적나라하게 드러내는 위선으로 보듯이 말입니다.

우리는 어디에 살고 있는가

2020년 기준 우리나라엔 2092만 7000가구가 있습니다. 주택은 2167만 4000채로 보급률은 103.6%입니다. 즉 주택이 남아도는 거지요. 물론 지역별 차이는 있습니다. 서울, 인천, 대전은 각각 94.9%, 98.9%, 98.3%로 100%가 조금 되질 않습니다.* 즉 집이 더 필요하다는 거죠. 우리나라가 인구 감소 추세에 있다고 하지만 당분간은 가구를 구성하는 인원이 줄면서 가구수는 늘어날 거라서 더 많은 집이 필요한 건 사실입니다.

통계 예측치를 보면 2040년까지 약 310만 가구가 더 늘어나고 그 이후에는 오히려 가구수가 줄어듭니다.** 그런데 같은 통계를 보면, 현재 1인 가구는 648만 가구인데 2040년이 되면 905만 가구로 늘어나고 2045년에는 916만 가구가 된다고 하니 대략 270만 가

---

* 국토교통부, 주택정책과 주택보급률 통계표.
** 통계청, 인구로 보는 대한민국.

구가 늘어나는 거지요. 즉 새로 늘어나는 가구는 대부분 1인 가구입니다. 물론 지역에 따라 사정이 다릅니다. 수도권은 아직 가구에 비해 집이 모자라고 비수도권은 대부분 남아돕니다. 결국 수도권의 1인 가구 위주의 주택이 필요하다는 뜻이지요. 물론 너무 낡아 수선을 해도 살기 힘든 집은 허물고 새로 지어야겠지만요.

그리고 이렇게나 집은 많은데 정작 집을 소유한 이들은 전체의 절반이 조금 넘습니다. 국토교통부의 주거실태조사에 따르면 전국적으로 집을 가진 가구는 57.9%입니다. 그중 저소득층은 45.4%를 차지합니다. 하지만 수도권의 경우 저소득층의 자가 비율은 33.1%밖에 되질 않고 광역시의 경우도 42.2%입니다. 도지역의 경우 자가가 69.2%이고 저소득층도 62.4%가 자기집을 가지고 있습니다. 그리고 수도권과 광역시의 경우도 농촌 지역의 자가 비율이 아주 높은 걸 감안하면 도시에 사는 저소득층의 경우 자가 비율이 더 떨어질 수밖에 없습니다.

결국 주택 정책에서 핵심적으로 고려해야 할 이들이 집을 가지고 있지 않은 분들입니다. 주거권 문제가 심각하기 때문이지요. 도시 지역의 집을 가지지 못한 이들, 그중에서도 특히 심각한 것은 전세가 아닌 월세를 사는 이들입니다. 우리나라 전체를 놓고 보면 전세를 사는 이들이 15.5%로 약 325만 가구이고, 월세를 사는 이들이 23.5%로 약 490만 가구입니다. 1가구당 2.4인 정도로 생각하면 1200만 명쯤 됩니다. 우리나라 전체 인구의 4분의 1이죠. 보증금을 얼마 내고 월세를 사는 이들은 그나마 조금 형편이 나은 편이고, 보증금도 없이 월세를 사는 사람들은 상황이 더 나쁩니다. 보증금 없이 월세를 사는 이들은 주로 쪽방촌, 여관, 고시원 등에서 생활하는 이들입니다. 이들 월세를 내는 이들의 상황을 한번 살펴보죠.[*]

우리나라 가구주 중 남성은 76.5%고 여성은 23.5%입니다. 대략 3:1의 비율이죠. 그런데 말이죠, 기초생활수급가구는 이 비율이 거의 1:1입니다. 남성 51.3%, 여성 48.7%. 소득이 가장 낮은 20%도 마찬가지입니다. 남성 52.2%, 여성 47.8%. 여성 가구주 중 절반가량이 빈곤층입니다.

또 월세보증금이나 은행예금, 하다못해 장농 등에 숨겨둔 돈까지 다 합해도 총자산이 3000만 원 이하인 가구가 우리나라 전체의 17.5%입니다. 하지만 여성 가구는 30%가 이에 해당합니다. 월세 사는 사람들의 경우만 살펴봐도 전체의 60%가 넘는 이들이 총자산 3000만 원이 되질 않고요.

더 안타까운 통계도 있습니다. 겨울철 주거관리비 통계입니다. 주거관리비에는 전기요금, 가스요금, 수도세 등이 다 포함됩니다. 한 달에 5만 원 이하를 쓰는 집이 전체의 4.4%입니다. 가스보일러를 거의 틀지 않는다고 봐야죠. 그런데 기초생활수급가구는 약

---

[*] 국토교통부의 2020년 주거실태조사 자료를 참고로 했습니다.

20%가량이 이렇습니다. 기초생활수급가구 절반은 노인 가구입니다. 나이든 분들이 돈이 없어 겨울에 보일러도 제대로 때지 못하는 거지요.

지금 사는 곳으로 이사한 이유(중복응답)도 그렇더군요. 전체적으로 자신의 의사가 아닌, 어쩔 수 없이 이사한 경우만 살펴봅시다. 집세가 부담되는 경우가 10%, 집주인이 나가라고 해서가 3.0%, 계약 만기가 17.7%, 재개발 등이 3.7%입니다. 약 34%입니다.

그런데 월세 사는 이들의 경우 이 비율이 달라집니다. 집세 부담이 20%, 집주인이 나가라고 해서가 5.8%, 계약 만기 33.4%, 재개발 3.7%로 62%가 넘습니다. 기초생활수급가구는 더하더군요. 집세 부담이 32.5%, 집주인이 나가라고 해서가 13.3%, 계약 만기가 39.6%, 재개발이 8.8%로 94%가 넘습니다. 월세 부담에, 재개발에 떠밀려 가장 열악한 공간에 겨우 살 곳을 마련한 경우가 많을 수밖에 없습니다. 월세를 사는 이들과 기초생활수급가구는 상당 부분 겹치고, 여기에 여성과 노인도 겹칩니다. 즉 한 사람이 월세를 살면서 동시에 기초생활수급자이고 여성이며 노인이죠.

그런데 이들은 기후위기와 같은 재난에도 가장 취약합니다. 2022년 8월 폭우가 내렸습니다. 서울 한가운데, 자기집에서 그 물에 빠져 3명의 여성이 죽었습니다. 어떤 이는 '이 폭우의 이름은 기후위기다'라고 합니다. 저는 사실 그 폭우가 기후위기에 의한 것인지, 기후위기가 어느 정도나 영향을 미쳤는지 정확히 짚을 순 없습니다. 하지만 기후위기가 더 심해질수록 이런 일이 더 자주, 더 많이 일어날 거란 사실은 명확합니다.

3년 전 코로나19가 대유행하던 초기에는 노숙자들이 먹을 곳도, 잘 곳도 없어졌습니다. 코로나19로 대부분의 급식소가 문을 닫고 운영을 중단했습니다. 몸을 씻으러 들어갈 만한 건물의 화장실은 굳게 잠겨 있었죠. 고시원에 살던 이들도 마찬가지였습니다. 코로나19가 아무리 위험해도 이들에겐 대책이 있을래야 있을 수가 없습니다. 고시원 방 중 꽤 많은 곳이 창이 아예 없거나, 있어도 열지 못합니다. 환기를 하려 해도 할 수 없는 구조죠. 세수를 하려 해도 공동 세면장을 가야 하고, 화장실도 공동으로 사용합니다. 간단한 식사를 하기 위해서는 공동 부엌을 써야 합니다. 수십 명이 사는 곳에서 코로나19를 피하기란 쉽지 않은 일이었습니다. 쪽방촌도 마찬가지입니다. 쪽방촌 대부분은 방 하나가 전부입니다. 수도도, 화장실도 다 공동으로 사용해야 합니다. 이런 곳에서 감염병은 피하고 싶어도 피할 수가 없습니다.

가난한 노인들도 힘들긴 마찬가지였습니다. 더운 여름 한낮의 더위를 피할 노인정도 노인대학도 모두 코로나19로 문을 닫았고, 에어컨 없는 집에서 선풍기에 의지하는 경우가 허다했습니다. 겨울에도 밤에 잘 때나 잠깐 보일러를 때고 낮에는 따뜻한 노인정으로 가던 이들이, 노인정이 문을 닫자 냉골에서 전기장판과 석유난로로 목숨을 유지했습니다.

안정된 주거는 시민의 기본 권리지만 가난한 이들에겐 남의 일일 뿐입니다. 비닐하우스에서 일하다 컨테이너박스에서 잠을 자는 농업 이주 노동자들도 마찬가지입니다. 코로나19 이전인 2018년 폭염 때 실내 온열질환 환자는 1202명이었는데 그중 624명이 자기집에서 쓰러졌습니다. 겨울 한랭질환의 경우도 4분의 3이 자기집입니다. 집에서 물에 빠져죽고, 더위에 쓰러지고, 추위에 얼어붙는 것이 21세기 대한민국에서 일어나고 있는 일입니다.

　이들 월세를 사는 이들에게 안정된 주거 공간을 마련하는 것이, 흔히 주거 정책이라면 떠오르는 대규모 아파트 공급이나 재개발보다 더 시급한 이유입니다.

　이들이 힘든 이유 중 하나는 거주하는 곳이 오래된 낡은 건물이기 때문입니다. 우리나라 전체로 볼 때 20년 넘는 낡은 건물에 사는 경우는 49.8%입니다. 절반이죠. 그런데 보증금 있는 월세에 사는 경우는 53%로 조금 더 높습니다. 그리고 보증금 없는 월세에서 사는 경우는 79.5%나 됩니다. 즉 보증금 없는 월세에 사는 이들이 가장 낡은 집에서 살고 있는 거죠. 낡다보니 단열이 제대로 되질 않아 겨울에는 더 춥고 여름에는 더 덥습니다. 이들이 주로 살고 있는 구도심의 노후 주택의 경우 75% 이상이 아파트에 비해 3배 정도의 에너지를 써야 비슷한 정도의 온도가 됩니다. 환기장치가 제대로 되어 있을 리가 없죠. 부엌이나 화장실도 낡아 배관이 부실한 경우가 많습니다. 더구나 보증금 없는 월세를 내는 경우 집주인에게 수리를 요구하기도 쉽지 않습니다.

그래서 가장 중요한 것이 제대로 된 공공임대주택을 늘리는 것입니다. 현재 임대주택 중 공공임대는 11.9%밖에 되질 않습니다. 민간임대주택이 대부분인 거죠. 거기다 공공임대주택의 경우 보증금이 있어야 해서 보증금 없는 월세를 사는 이들 중 공공임대주택에 사는 이들은 1.3%밖에 되질 않습니다. 대규모 택지 개발과 신도시 건설보다 더 중요한 것이 제대로 된 공공임대주택을 공급하는 것입니다.

그리고 이렇게 공급될 공공임대주택은 몇 가지 전제가 있습니다. 새로 건물을 짓는 것보다 기존 주택을 매입해서 최저 주거기준에 맞도록, 사람이 살 만하도록 고쳐서 공급하는 걸 우선으로 해야 합니다. 반지하, 고시원, 쪽방, 홈리스 등 사람이 살아갈 수 있는 최소한의 조건도 갖추지 못한 곳에서 사는 이들을 우선 옮겨야 합니다. 20세기에 지어진 절반가량의 오래된 건물을 먼저 매입해서 단열 시공을 제대로 하고, 냉난방과 취사시스템도 온실가스 발생이 적은 방식으로 개선해야 합니다. 이런 과정을 통해 기후위기에 더 취약한 사람들이 안정된 주거를 확보하고, 건물에서 발생하는 온실가스를 줄여나가야 합니다.

2022년 대한민국의 새 정부를 구성한 윤석열 정부는 신규 건축 203만 호, 재개발 47만 호 등 전국에 총 250만 호의 주택을 공급하겠다고 합니다. 과연 그 정도로 수요가 있을지 의문입니다만 몇억에서 몇십억 짜리 아파트를 공급하는 것은 결국 우리나라 소득 상위 15%만을 바라보는 정책이라 아니할 수 없습니다. 그 돈으로 최소한의 주거요건조차 갖추지 못한 곳에서 사는 사람들을 위한 대책을 먼저 세워야 합니다.

녹색 리모델링

월세를 내는 이들에 대한 대책과 함께 또 중요한 것은 기존 건물의 녹색 리모델링입니다. 우리나라의 경우 온실가스 배출 중 건물이 차지하는 비율은 총 24% 정도 됩니다. 그러니 기후위기 대책으로 건물에서 배출하는 이산화탄소를 축소하는 것이 중요합니다. 그중 난방 및 취사용 연료(LNG, 프로판가스, 등유, 폐목재 등)가 6.5%입니다. 이 중 가정에서 4.5%, 상업 및 공공 부문이 2.0%를 차지하고 있습니다.[*] 또한 전체 전력 사용량 중 가정용은 6.03%, 공공 부문은 2.11%, 서비스업은 14.72%입니다.

건물에서 발생하는 온실가스의 대부분은 이산화탄소인데, 석유류나 도시가스 등을 직접 연소시켜 에너지를 얻는 과정에서 발생

---

[*] 환경부, '2019년 온실가스 배출량 전년 대비 3.5% 감소, 7억 137만 톤', 2021년 12월 31일. http://www.me.go.kr/home/web/board/read.do?boardMasterId=1&boardId=1498930&menuId=10525

하는 직접 배출량과 전력·지역난방 등을 사용하면서 발생하는 간접 배출량으로 나눌 수 있습니다. 전체적으로 석탄과 석유는 줄어들고 전력과 도시가스, 지역난방과 재생에너지는 늘어나고 있습니다. 가장 큰 비중을 차지하는 것은 전력이며 그다음이 도시가스입니다. 가정에서는 도시가스가 전체 에너지의 45%가량을 차지하고 있지만 상업 및 공공 부문에서는 전력이 전체 에너지의 60% 이상을 차지하고 있습니다. 이는 상업 및 공공 부문 건물의 경우 취사용으로 도시가스를 사용하는 경우가 극히 적고 또 난방에도 전력을 이용하는 경우가 많은 것이 하나의 이유이고, 두 번째로 냉방기기 및 기타 전기기구의 사용 비율이 가정보다 높기 때문입니다.

건물에서 사용되는 에너지는 용도에 따라 난방, 냉방, 급탕, 조명, 환기, 취사, 가전 및 사무기기, 동력, 급수 등으로 나눌 수 있는데, 이 중 에너지가 가장 많이 사용되는 분야가 난방, 냉방, 급탕, 조명, 환기입니다. 그러나 최근 들어 이 5대 에너지 분야 이외에서 에너지 사용량이 증가하는 추세입니다.

이런 조건에서 이산화탄소 배출을 줄일 수 있는 가장 중요하고 일차적인 것은 건물의 에너지 성능을 올리는 겁니다. 간단히 말해서 단열기능을 강화해서 냉방 및 난방에 들어가는 에너지를 줄이는 것이죠. 실제로 30년 이상 된 건물에 비해 최근 지어진 아파트는 43%, 단독주택은 31%의 에너지 절약 효과가 있습니다. 즉 신축 건물은 단열이 잘 되어 난방 및 냉방에 들어가는 에너지가 적습니다.

2019년 기준 전국 건축물은 약 724만 동이며, 주거용이 48%이고 나머지가 공공 및 상업용 시설입니다. 상업용 건물 중에서는 근린생활시설이 약 60%를 차지하고 있습니다. 그리고 30년 이상 된 노후 건축물이 274만 동으로 전체의 약 38%나 차지하고 있습니다. 그렇다고 오래된 건물은 무조건 헐고 새로 짓자고 할 순 없는 노릇입니다. 그 대안으로 제시되는 것이 오래된 건물의 단열 리모델링입니다.

하지만 여기에 쉽지 않은 문제가 있습니다. 우리나라 건물 중 가장 큰 면적을 차지하는 것은 아파트인데 임차율이 40%가 넘습니다. 즉 소유주와 거주자가 다른 경우가 열 집 중 네 집이 넘는 겁니다. 이런 경우 단열 등 이산화탄소 감소를 위한 리모델링을 자발적으로 할 유인이 없습니다. 자기집도 아닌데 거주자가 돈을 댈 이유는 전혀 없고, 소유주의 경우 자기가 살지도 않으니 리모델링을 하는 데에 드는 비용과 이를 통한 자산가치나 임대료, 임대율 상승의 기대효과를 따져보게 되는데 영 수지타산이 맞지 않습니다. 따라서 이런 건물은 자발적으로 단열 리모델링을 하지 않습니다.

또 반등효과rebound effect로 에너지성능 향상이 사용량 감소로 이어지지 않습니다. 우리들은 가스요금이나 전기요금의 자체적인 상한선이 있습니다. 단열 등으로 기존과 같은 환경을 유지하는 데에 드는 에너지가 줄어들면, 즉 비용이 줄어들면 조금 더 쾌적한 환경을 위해 에너지를 더 사용하게 되는 거지요. 여름에 에어컨 기준 온도를 이전보다 1~2도 더 낮추고, 겨울에 난방 온도를 조금 더 높이게 된다는 겁니다. 그래서 리모델링을 해도 그 효과가 별로 크지 않다는 거죠.

세 번째로 기존 건축물의 리모델링은 신축 건물의 에너지성능 향상에 비해 투입 비용 대비 효과가 적습니다. 리모델링 과정에서 따로 살 곳을 마련하는 비용이 들고, 기존 자재를 철거하고 새로 단열시공을 하는 비용도 듭니다. 단열 및 기밀airtightness 성능이 강화된 광폭 프레임 창호는 낡은 아파트의 얇은 벽체에는 설치가 불가능하여 벽체를 보강하는 비용이 추가로 들게 됩니다.

하지만 이런 문제도 해결이 불가능한 것은 아닙니다. 우선 전기요금과 도시가스요금의 누진율을 높이는 거죠. 이를 통해 일정량 이상을 사용할 때 부과되는 금액이 이전보다 높아지면 반등효과를 줄일 수 있고 또 리모델링에 대한 유인이 됩니다. 거기에 리모델링에 대한 재정적 지원-저리 대출 등도 생각해볼 수 있습니다. 세 번째로 드는 기존 건축물 리모델링과 신축 건물 비교는 재정 지출의 주체가 다르니 큰 문제가 되지 않습니다. 기존 건축물 리모델링은 지자체나 정부의 지원이 있다고 하더라도 기존 건물주가 주체가 되고, 신축 건축물은 결국 분양가를 일부 높이는 측면은 있지만 건설사가 부담하는 것이죠.

단열 다음으로 건물의 이산화탄소 배출을 많이 줄일 수 있는 것은 전력화입니다. 석탄, 석유, 도시가스 등 난방과 취사에 들어가는 에너지원을 전력으로 교체하는 겁니다. 가스보일러는 전기보일러로, 가스레인지는 인덕션으로 바꾸는 식입니다. 공급되는 전력의 재생에너지 비율이 높을수록 효과가 더 큽니다. 더구나 이는 기존 건물의 단열 리모델링보다 재정적 부담도 적고 교체도 수월하니 오히려 더 빠르게 진행할 수 있습니다. 또 다르게는 기존의 도시가스를 수소가스로 바꿀 수도 있습니다. 2023년부터 이에 대한 실증 사업이 시작되고 대략 2026년부터는 수소가 20% 섞인 도시가스가 공급될 예정입니다. 현재 기술개발이 활발하게 진행되고 있는데 아마 2030년경부터는 수소로만 공급될 수도 있을 겁니다.

다음으로 조명기기 및 각종 기구의 고효율화를 꼽을 수 있습니다. 가정의 경우 기존 백열등을 LED로 바꾸고 가전제품을 에너지효율등급이 높은 제품으로 교체하면 전력 사용량을 줄일 수 있습니다. 대형 건물의 경우 건물에너지관리시스템을 통해 에너지사용 최적화를 이룰 수 있습니다.

현재 우리나라 정부에서는 이런 리모델링 사업을 지원하기 위해 건축물에너지효율등급 인증제와 제로에너지건축물 인증제 등을 운영하고 있으며, 일정 규모 이상의 신축 건물에 대해서는 건축물에너지절약계획서를 제출하도록 하고 있습니다. 하지만 실제 리모델링이 이루어지는 현황을 보면 속이 터질 지경입니다. 현재 리모델링 사업에 대해 대출 이자를 일부 지급하는 사업이 있기는 한데 매년 들락날락하고 있지만 대략 1년에 1만 건 내외입니다. 현재 있는 2000만 채의 주택 중 리모델링 대상을 4분의 3 정도로만 잡아도 1500만 채인데(실제로는 더 많습니다만) 매년 1만 건으로 어림잡아도 1500년이 걸린다는 이야기입니다.

이런 정도로는 안 됩니다. 매년 100만 채 정도는 리모델링을 해야 합니다. 신청을 받기만 해서는 안 됩니다. 실제 기후위기에 가장 위험하게 노출된 노후 건물, 쪽방 등을 직접 찾아가서 확인해야 합니다. 신청하는 주체도 건물주만 되어서는 안 됩니다. 세입자들이 신청할 수 있어야 하고, 건물주에겐 의무를 부과해야 합니다. 영국의 경우 에너지효율등급 평가서(Energy Performance Certificate, EPC)를 발급하는데, 그중 가장 낮은 두 등급의 경우 임대를 금지하고 벌금을 물립니다. 상업용 건물의 경우도 마찬가지입니다. 하지만 규제만 한다고 능사는 아니겠지요. 반대로 그린 리모델링을 위한 장기·저리 융자 정책을 지금보다 대폭 확대해야 합니다.

탄소배출권

이처럼 시민들이 전체적으로 온실가스를 많이 배출하는 물품의 소비를 줄이면 자연스레 생산이 줄어들 겁니다. 하지만 이를 통한 감소는 생각보다 더디고 또 전체에서 차지하는 비율도 그다지 크지 않습니다. 우리나라 온실가스 발생량의 50% 이상이 바로 산업 부문이니까요. 따라서 온실가스 감축에서도 가장 신경써서 봐야 할 지점이 산업 부문이죠.

그럼 산업 부문의 온실가스는 어떻게 줄여야 할까요? 앞서 다른 글에서 제철산업의 수소환원제철 이야기나 연료원의 전력화 등을 이야기한 것이 모두 산업 부문의 일입니다만, 제가 아는 걸 기업의 대표나 전문가가 모를 리 없습니다. 제가 이야기한 것보다 더 자세히 알겠죠. 하지만 그들이 안다고 해서 줄어들 거라곤 전혀 생각하지 않습니다.

기업의 입장에서 중요한 것은 온실가스를 줄이는 것이 아니라 매출을 증대시키고 이익을 최대화하는 것이죠. 그러니 온실가스를 줄이는 일에 기업이 팔을 걷어붙이고 나서게 하려면 그럴 만한 이유를 만들어줘야 합니다.

그 대표적인 것이 탄소배출권(Certified Emission Reduction, CER)입니다. 전체적인 내용은 복잡합니다만, 기본적인 개념은 정부가 온실가스 총배출량을 정해서 배출권의 형태로 판매한다는 겁니다. 그리고 각 기업에 배출할 수 있는 온실가스량을 정해줍니다. 기업은 그에 해당하는 만큼 탄소배출권을 사야 합니다. 우리나라는 2015년부터 도입했는데 모든 기업에 해당하는 것은 아니고 451개 대기업이 대상입니다.

배출권을 산 기업이 그 할당량보다 온실가스를 적게 배출한 경우에 남은 할당량을 팔 수 있습니다. 반대로 할당량보다 많이 배출한 업체는 배출권을 사서 메워야 하는 거죠. 기업 입장에서는 배출권을 사는 비용이 추가되니 그만큼 온실가스를 줄이기 위해 노력할 수밖에 없습니다. 특히 우리나라의 경우 300인 이상 대기업이 산업 부문 온실가스 배출의 절대량을 차지하고 있으니 배출권 대상인 451개 대기업이 열심히 노력했으면 가시적 성과가 나타날 수밖에 없습니다.

그런데 말이죠. 2015년에 산업 부문 배출량이 2억 9079만 톤이었던 것이 2021년에는 3억 2645만 톤으로 오히려 늘어났습니다. 왜 그런 걸까요? 정부가 각 기업별로 정한 할당량이 너무 높았던 것이 첫 이유고, 배출권의 97%를 공짜로 준 것이 두 번째 이유입니다. 가령 쓰레기 배출량을 줄이기 위해 여러분 집의 쓰레기 배출량을 정하고 그보다 많이 내놓을 경우 종량제 봉투를 사라고 했다고 칩시다. 평소 한 달에 100kg의 쓰레기를 내놓는 경우, 정부가 할당량을 97kg 정도로 정합니다. 그리고 이 양에 대해선 무상으로 종량제 봉투를 줍니다. 그리고 추가로 내놓을 경우 봉투를 사라고 하는데 1kg짜리 봉투에 100원이라고 하면 어떻게 될까요? 100kg의 쓰레기를 버리는데 총 300원이면 되니 경제적으로만 따지면 굳이 쓰레기를 줄일 이유가 없습니다.

결국 우리나라에서 온실가스 배출 1위인 포스코가 배출권을 팔아 1119억의 수익을 얻어 이 부문에서도 1위가 되는 웃기지도 않는 상황이 벌어진 겁니다. 하지만 이는 우리나라만의 문제는 아닙니다. 환경 관련 규제가 강하기로 유명한 유럽연합 또한 전체 배출권의 95% 이상 무상할당을 실시했습니다.

이렇게 탄소배출권 제도 자체가 유명무실해지면서 무상할당을 줄여야 한다는 목소리가 높아졌습니다. 유럽연합의 경우 무상할당을 축소해가다가 2023년까지 폐지하는 것을 목표로 하고, 상업용 건물과 도로 운송에도 탄소배출권을 적용하겠다는 등의 개편을 시도하고 있습니다. 하지만 중국과 한국의 경우에는 탄소배출권 가격이 유럽에 비해 너무 낮아 별 효과가 없을 것으로 보입니다.

그런데 2021년부터 2025년까지의 탄소배출권 제도 계획은 여전히 무상배당이 90%입니다. 기존에 배출하던 온실가스 중 90%는 계속 내놓으라고 면죄부를 주는 거죠.

정부는 산업의 경쟁력을 고려해야 한다고 하지만 생각해보세요. 기업이 온실가스 배출을 줄이려면, 그러지 않으면 망하겠다는 심각한 위기의식을 느껴야 합니다. 그런데 이런 느슨한 탄소배출권 제도로 그런 생각이 조금이라도 들까요? 지금 기업의 온실가스 배출을 줄이는 데에 필요한 것은 '기술'이 아니라 '강력한 위기의식'입니다. 탄소배출권 제도가 그런 역할을 하기 위해선 무료 할당을 대폭 줄이고, 배출권 가격을 높여야겠지요.

탄소세와 탄소국경세

2019년 『월스트리트 저널』에 '탄소세 배당에 관한 경제학자들의 성명서'가 발표되었습니다. 탄소세가 온실가스 배출량을 줄이기 위한 가장 효율적인 수단이라는 내용입니다. 앨런 그린스펀, 벤 버냉키, 조지 슐츠, 에드먼드 펠프스 등 미국의 쟁쟁한 경제학자들이 서명을 했습니다. 노벨상을 받은 경제학자만 28명에 미국 연방준비제도Fed 의장 출신 4명, 미국 대통령 경제자문위원회(CEA) 의장 출신 15명이 포함되어 있습니다.

우리나라에서도 2021년 정의당의 장혜영 의원과 기본소득당 용혜인 의원 등이 탄소세법을 발의했고, 2021년 대선 당시 민주당의 이재명 후보가 탄소세를 공약으로 내걸었습니다.

이들의 성명서에서도 볼 수 있듯이 온실가스 감축을 유도할 수 있는 강력한 수단이 탄소세입니다. 석유나 석탄같이 온실가스를 만드는 화석연료에 세금을 부과하는 거죠. 현재 탄소세를 도입한 나라는 27개국으로 대부분 유럽연합 나라들이고, 그 외 일본, 싱가포르, 캐나다, 아르헨티나, 칠레, 콜롬비아 등이 있습니다.

하지만 기업 입장에서는 탄소세도 내야 하고 배출권도 사야 한다면 이중 부담이 아니냐는 항의가 있습니다. 정부는 이를 나름대로 절충해서 분야별로 어디는 배출권 제도를 적용하고 어디는 탄소세를 내는 등의 차이를 둘 수도 있고, 탄소세를 내는 만큼 무상

배출권을 주는 등의 방법을 고민하고 있는 중입니다.

그렇다 해도 중요한 것은 탄소세든 배출권이든 목적은 각 산업에서 실질적으로 온실가스 배출을 줄이는 것이지 기업에 면죄부를 주는 게 아니라는 겁니다. 따라서 탄소세든 배출권이든 기업에게 큰 부담으로 작용하는 게 당연합니다. 하지만 감내해야 합니다. 개인으로서의 인간에게 신뢰를 보낼 수야 있겠지만, 경제적 주체인 기업에게 환경과 관련해서 신뢰하긴 힘드니까요. 기후위기에 대한 대처가 늦어도 한참 늦은 우리나라에서 국내 기업의 국제경쟁력에 신경쓰다가 더 늦출 순 없는 일입니다.

세계은행은 파리협정의 목표를 달성하려면 탄소세를 2020년에는 톤당 40~80달러, 2030년에는 톤당 50~100달러로 올려야 한다고 발표했고, IMF도 2030년까지 탄소세를 톤당 75~100달러 수준으로 올려야 한다고 강력하게 권고하고 있습니다.

그런데 앞서 이야기한 두 가지 방안, 곧 탄소배출권과 탄소세가 나라마다 다 다릅니다. 어디는 강하게 규제를 하고 어디는 대단히 느슨합니다. 탄소세의 경우 스웨덴은 톤당 137달러인데 싱가포르는 4달러에 불과합니다. 물론 스웨덴의 경우 탄소세를 매기면서 다른 세금을 낮춰줬기 때문에 단순 비교를 하긴 힘듭니다. 또 탄소세를 매기는 범위도 다 다릅니다. 배출권의 경우도 마찬가지여서 우리나라처럼 무상배당이 너무 많은 나라와 적은 나라는 기업의 부담에 차이가 생기죠.

개별 기업의 경쟁력을 생각해서 하는 고민이 아닙니다. 기업 입장에서는 탄소세나 탄소배출권 제도가 엄격해지면 상대적으로 허술하거나 아예 그런 제도가 없는 나라로 옮겨서 탄소를 마구 내뿜을 수 있습니다. 이를 '탄소누출'이라고 합니다. 형평성에도 문제가 있지만 탄소 배출을 억제하자는 원래의 목적을 훼손하는 것이기도 합니다. 그래서 생긴 제도가 탄소국경세입니다.

여기서도 가장 앞서고 있는 곳은 유럽연합입니다. 2021년 기후위기 대응을 위한 핵심 법안 '피트 포 55Fit for 55'를 발표하면서 2026년부터 탄소국경조정제도(CBAM, 탄소국경세)를 실시한다고 예고했습니다. 다른 나라에서 유럽연합에 상품을 수출하려면 그 나라에서 납부한 탄소 비용을 증명해야 탄소국경세를 감면받을 수 있습니다. 미국도 마찬가지로 미국식 탄소국경조정제도인 이른바 '청정경쟁법안(CCA)'을 검토하고 있습니다. 유럽연합이 탄소국경세를 2026년부터 부과하기 시작하면 유럽으로 가는 물건에 부과되는 탄소국경세는 유럽연합의 수입이 됩니다. 그럼 미국으로서도 유럽연합이나 다른 나라에서 오는 상품에 대해 동일한 세금을 부과하는 것이 당연하다고 생각하는 거죠. 상대방은 세금을 물리는데 우리만 그냥 놔둘 순 없는 노릇이니까요. 마찬가지로 미국과 유럽연합이 탄소국경세를 부과하기 시작하면 한국이나 일본 등도 탄소국경세를 부과할 수밖에 없을 것으로 보입니다.

결국 탄소국경세를 통해서 전 세계 어느 나라의 상품이든 동일한 탄소세가 부과되는 효과가 나타나게 됩니다. 이렇게 되면 각국 정부의 탄소세와 탄소배출권 제도가 더 강화될 수밖에 없습니다. 어차피 내야 할 세금이라면 유럽연합에 내는 것보다 자기네가 걷는 게 더 좋을 터이니까요.

탄소국경세는 단지 수출업체에게만 영향을 끼치지 않습니다. 가령 현대자동차가 자동차를 수출하는 경우를 생각해보죠. 최종 조립은 현대자동차가 하지만, 여기에 들어가는 부품과 원자재는 수많은 기업이 현대에 납품한 것이죠. 현대자동차로선 자기네가 아니라 납품업체에서 발생한 온실가스에 의해 발생하는 탄소국경세를 자기가 내는 게 부당하다고 느낄 겁니다. 거기다 현대자동차는 납품업체에 대해 '강력한 갑'이죠. 그래서 납품업체에서 책임질 부분은 그들 스스로가 책임져야 한다고 할 겁니다. 결국 납품업체들도 탄소세를 내거나 아니면 온실가스 발생 자체를 줄일 수밖에 없는 거죠. 결국 우리나라처럼 수출 주도형 경제에서는 전체 산업에서 온실가스 배출을 줄이는 것이 경쟁력이 될 수밖에 없습니다.

탄소배출권이든 탄소세든 아니면 탄소국경세든 결국 정부가 기업으로부터 돈을 걷는다는 측면에선 차이가 없습니다. 기업 입장에서는 이전에 내지 않던 비용이 추가되는 것이니 자연히 상품 가격이 오르게 됩니다. 외국에서 들여오는 수입품도 탄소국경세가 부과되는 만큼 더 비싸지겠지요.

당연히 물가가 오릅니다. 가장 중요한 건 전기와 가스입니다. 현재 전기의 40%가 화석연료를 사용하는데, 화석연료에는 당연히 탄소세가 붙으니 비용이 올라가지요. 전기요금이 오르게 됩니다. 도시가스, 천연가스, 등유, 석탄 등 난방과 취사에 쓰이는 모든 연료도 화석연료이니 그 비용도 오릅니다. 우리가 쓰는 제품 중 플라스틱과 철, 알루미늄 등이 포함되지 않는 건 별로 없죠. 이 모든 원료의 비용이 오르게 됩니다.

결국 물가가 지속적으로 오를 수밖에 없습니다. 그런데 물가가 오르면 힘든 건 소득이 낮은 사람들입니다. 그래서 탄소세 등으로 확보한 정부 재원 중 상당 부분은 이들을 위한 '기후재난 지원금'이 되어야 합니다. 우린 이미 경험이 있습니다. 코로나19로 모두가 힘들었을 때 특히 더 힘든 사람들에게 재난지원금을 지원했습니다. 이는 사실 지원이 아니라 소득이 적은 사람들의 권리라고 보아야 합니다. 책임은 더 작은데 더 큰 피해를 보니 이를 보상하는 차원이기 때문이지요. 물론 기본적인 인권의 영역이기도 하고요. 기후위기에 대한 책임은 가난할수록 더 적은데 피해는 더 크게 입는 거니까요. 이 문제를 해결하는 것이 기후정의의 가장 중요한 문제 중 하나일 겁니다.

재생에너지 비용

화석연료를 사용하는 화력발전소의 매력은 두 가지입니다. 하나는 전기를 생산하는 데에 드는 비용이 싸다는 거지요. 두 번째는 전기 생산량 조절이 다른 발전 방식에 비해 쉽다는 겁니다. 즉 전기 사용량이 늘어나면 발전량을 늘리고 반대로 사용량이 줄어들면 발전량을 줄이기가 쉽습니다.

재생에너지로 전기를 만드는 방식은 이와 반대로 전기를 생산하는 데에 드는 비용이 화석연료에 비해 비싸고 전기 생산량 조절이 자체로는 불가능합니다. 그런데 요 몇 년 사이 풍력발전이 화력발전과 전력 생산 단가에서 대등한 경쟁을 하기 시작했습니다. 영국에서는 민간 발전회사가 정부와 전기 공급 계약을 맺습니다. 몇 년 전까지만 하더라도 태양광발전이나 풍력발전의 경우 화력발전에 비해 인센티브를 받았죠. 그런데 이제 이런 인센티브 없이도 원가 경쟁을 해서 계약을 따냅니다.

원래 재생에너지는 연료를 지속적으로 공급할 필요가 없으니 이 점은 원가 경쟁에서 큰 장점입니다. 물론 그렇다고 유지보수 비용이 들어가지 않는 건 아니지만요. 하지만 초기 설치 비용이 워낙 많이 들어서 원가 경쟁이 힘들었지요. 하지만 뭐든 대량생산이 이루어지면 단가가 떨어지게 되는 법이지요. 풍력발전기 제작 및 설치 비용도 마찬가지로 생산량이 늘다보니 비용이 줄어들었습니다.

좀더 복잡한 셈법이 있긴 하지만 이제 풍력은 원가 경쟁력이 있는 재생에너지가 되었습니다.

마찬가지로 태양광발전도 연료가 들어가지 않으니 태양광 패널 제작 및 설치 비용만 줄어들면 당연히 비용 측면에서 경쟁이 가능해집니다. 우리나라의 경우 태양광발전은 2030년 무렵에는 현재보다 약 30% 비용이 낮아질 거라고 합니다. 태양광도 경쟁이 된다는 이야기지요. 여기에 요사이는 균등화발전원가(LCOE)라는 개념을 사용합니다. 이는 발전 설비를 설치해서 운영하는 기간 동안 발생하는 모든 비용을 감안해 책정한 단위 전력량당 발전 비용을 말합니다. 기존의 발전 원가에 사회적 비용과 탄소 배출에 따른 비용이 추가됩니다. 이를 따져보면 태양광과 풍력에 의한 발전 단가가 가장 쌉니다. 물론 이는 전 세계 평균을 뜻하는 것이고, 우리나라의 경우에는 아직 화력이 더 싼 건 사실이죠. 그래도 화력은 단가가 낮아지지 않는데 재생에너지는 낮아지니 조만간 우리나라에서도 경제적 관점에서만 봐도 재생에너지가 충분한 경쟁력을 가질 수 있는 거죠.

하지만 이는 어디까지나 생산 비용만 따졌을 때 그렇습니다. 재생에너지의 단점 중 하나가 발전량 조절이 우리 요구대로 되질 않는 거였죠. 그래서 이에 대한 대책을 세워야 합니다. 하나는 송배전망을 분산전원 시스템에 기초해 새로 구성하는 것이죠. 물론 굉장히 많은 돈이 들어갑니다. 사람에 따라 다르긴 하지만 한 30조

원 정도가 들어갈 거라고 하지요. 그리고 전기에너지 저장장치가 필요합니다. 많이 생산할 때 저장해뒀다가 필요할 때 사용하자는 거지요.

이 전기에너지 저장장치는 단기용과 장기용 두 가지가 있습니다. 단기용은 몇 시간에서 며칠 정도의 저장 기능을 하는 것이고 장기용은 계절적 변화에 대비하는 거지요. 단기용으로는 리튬이온 배터리를 사용하는 BESS(Battery Energy Storage System)가 주로 사용됩니다. 휴대폰 배터리랑 별 차이가 없습니다. 그냥 규모가 아주 클 뿐이지요. 다른 장치에 비해 설치 비용과 유지관리 비용이 싼 장점이 있습니다. 하지만 장기 저장용으로 사용하기는 힘듭니다. 휴대폰이나 노트북이 며칠 사용하지 않으면 알아서 방전되는 것처럼 BESS도 방전이 저절로 일어나기 때문이지요. 그래서 장기 저장용으로는 수소와 암모니아가 떠오르고 있습니다. 남는 전기로 물을 분해해서 수소나 암모니아로 저장해뒀다가 필요할 때 쓰자는 거지요. 그런데 이런 저장장치를 만들고 유지하는 것 또한 비용이지요. 그리고 전기를 저장했다가 다시 사용하는 과정에서 발생하는 손실분도 있습니다.

결국 스마트그리드도 저장장치도 모두 재생에너지로의 전환 과정에서 발생하는 비용입니다. 이를 반영해서 생각하면 결국 재생에너지는 화력발전보다 비쌀 수밖에 없습니다. 물론 비싸다고 재생에너지를 쓰지 말자는 건 아니지요. 기후위기를 극복하기 위해 우리가 치러야 할 비용이라고 볼 수밖에요. 물론 이에 대해 어떤 이들은 재생에너지로 전환하는 과정에서 너무 많은 비용이 드는 것이 아니냐고 볼멘소리를 합니다. 하지만 이는 정확한 사정을 모르거나 알더라도 모르는 체하는 이야기입니다. 2050년까지 재생에너지로 바꾸는 데에 필요한 비용은 나라마다 다를 순 있지만 전 세계적으로 GDP의 약 25%라고 이야기합니다. 그런데 화석연료를 계속 사용하더라도 새로 발전소를 짓거나 망을 구축하거나 등등에 필요한 비용은 대략 24%입니다. 즉 재생에너지로 바꾸기 때문에 추가로 필요한 부분은 사실 GDP의 1% 정도인 거지요.

이와 관련해서 또 고민해볼 부분이 있습니다. 송배전망의 재구축과 저장장치의 확보에 드는 비용은 현재 한전과 발전 자회사가 많은 부분을 부담하고 정부가 일정 부분 보조하는 형태입니다. 결국 전기요금이 인상될 수밖에 없습니다.

얼마 전 한전 적자폭이 너무 크다는 뉴스가 나왔지요. 한전은 발전 자회사와 민간 발전회사에서 생산한 전력을 사서 소비자에게 공급합니다. 그런데 판매가격은 별 변화가 없는데 구매 비용은 커지니 팔수록 손해가 나는 구조이기 때문입니다. 물론 재생에너지 때문은 아닙니다. 오히려 석탄이나 천연가스 같은 화석연료 비용이 높아진 것이 더 큰 이유지요. 거기다 이전 정부에서 국민들의 반감을 고려해서 필요할 때 전기요금을 올리지 못하게 한국전력을 압박한 결과이기도 합니다. 그래도 이런 적자 구조에서 계속 투자를 하기 위해서는 돈이 나올 구멍이 필요한 법이지요. 결국은 전기요금이 지속적으로 오를 수밖에 없습니다.

그런데 전기요금 인상은 늘 그렇듯이 가난한 사람들에게 더 부담이 됩니다. 한 달에 500만 원 버는 이들이야 10만 원 내던 전기요금을 15만 원 낸다고 큰 부담이 되질 않겠지만, 한 달 100만 원 버는 이들이 5만 원 내던 전기요금을 7만 원 내는 건 부담이 큰 거지요. 거기다 전기요금이 오르면 자연스레 물가도 오를 수밖에 없습니다. 이 또한 가난한 이들에게 더 큰 부담으로 돌아가지요.

기후위기를 극복하기 위해 감당할 수밖에 없는 부담이긴 하지만 그 고통이 가난한 이들에게 집중된다면 문제가 아닐 수 없습니다. 해결할 방법이 없는 건 아닙니다. 대략 두 가지 방안이 이야기되고 있습니다.

먼저 전기요금 누진제를 강화하는 겁니다. 각 가정이 쓰는 전기 에너지는 지금도 누진적으로 적용됩니다. 2022년 기준 200kWh까지의 요금은 기본요금 910원에 1kWh당 93.2원, 201~400kWh까지는 기본요금 1600원에 1kWh당 187.8원, 400kWh부터는 기본요금 7300원에 1kWh당 280.5원입니다. 여기서 1가구당 평균 전력 사용량을 살펴보면 비교적 전기를 많이 쓴 2021년 7월을 기준으로 256kWh죠. 즉 대부분의 가정은 200kWh 내외에서 크게 벗어나지 않게 전기를 쓰고 있습니다. 소득 수준이 높은 가구가 집 평형도 넓고, 가전제품도 많아 전력 사용량이 더 많은 걸 감안하면 저소득층의 전력 사용량은 200kWh 정도라 볼 수 있지요. 그러니 이 구간은 그대로 두고 더 많이 쓰는 구간에서의 요금을 올리는 겁니다.

산업용 전기도 마찬가지로 누진제를 적용합니다. 실제 전력 사용량을 보면 중소기업에 비해 대기업이 훨씬 사용량이 많습니다. 전기요금이 싸서 이득을 가장 많이 보는 곳이 대기업이죠. 그러니 현재의 누진제를 더 강화하면 중소기업의 피해는 줄이면서 전체 전기요금을 올릴 수 있습니다.

두 번째로 저소득층, 한부모가정, 장애가정 등에 대해 일정한 양의 전력을 무상으로 공급하고 그 비용을 정부가 책임지는 겁니다. 일종의 전력바우처가 되는 거지요. 저소득층에서는 이 전력바우처를 이용해서 여름철 한창 더울 때 전기요금이 아까워 에어컨도 돌리지 못하던 문제를 해결할 수 있겠지요. 그리고 난방도 가스나 연탄 등 화석연료를 사용하는 대신 전기로 바꿀 수 있습니다. 그만큼 온실가스 배출도 줄게 됩니다. 저소득층도 기본권 중 하나인 전력권을 보장받을 수 있습니다. 저소득층의 전력 사용량이 늘어나고 정부가 보전해주니 한전도 이익이 되지 손해가 되진 않습니다. 대신 정부 지출이 조금 더 늘겠지요. 이 부분은 화력발전소에 탄소세를 적용하는 등의 방법으로 마련할 수 있습니다.

기후위기의 마이너스 통장, 쓴 돈에 대한 책임*

2021년부터 민간인이 상업용으로 개발된 우주선을 타고 하루 혹은 며칠을 우주에서 보내는 우주 관광이 시작되었습니다. 한 번의 여행에 수십억에서 수백억 원의 비용을 지불할 수 있는 지구 최상위 부자들이죠. 이들이 한 번의 여행을 통해 배출한 이산화탄소는 대략 75톤입니다.

반대편에는 한 해 1톤도 배출하지 못하는 10억 명의 사람들이 있습니다. 숨 쉬는 것 말고는 이산화탄소를 배출할 방법이 없는 이들이죠. 이들 10억 명의 평균 수명은 75세에 훨씬 미치지 못합니다. 이들이 평생 내놓는 이산화탄소는 블루 오리진이나 스페이스X를 타고 무중력 상태에서 푸른 지구를 보는 경험 한 번에도 미치지 못하죠.

지구 전체로 따져서 약 15%에 해당하는 10억 명의 가장 가난한 이들이 1년에 1톤의 이산화탄소를 내놓을 때 상위 1%는 110톤을 내놓습니다. 0.1%는 467톤이고 0.01%는 2350톤을 내놓죠.

그래서 이들 부유층에게 책임을 물어야 합니다만 현실은 그렇지 않습니다. 마이너스 통장을 생각해봅시다. 한도가 500만 원인 마

---

* 이 글의 통계는 「기후변화와 탄소 배출의 지구적 불평등 1990-2020」 보고서에서 가져왔습니다(한재각 님이 번역하신 한국어판에서 인용했습니다).

이너스 통장을 가지고 있는데 이미 400만 원을 썼다면 앞으로 쓸 수 있는 돈은 100만 원이 고작입니다. 이를 이산화탄소에 한번 적용해볼까요?

산업혁명 이래 인류는 대략 2조 5000억 톤 정도의 이산화탄소를 내놓았습니다. 이제 한도까지 얼마나 남았을까요? 2도 상승까지는 약 9000억 톤 남았고 1.5도에는 고작 3000억 톤이 남았습니다. 2021년에 전 세계 이산화탄소 배출량은 354억 톤이었습니다. 이 수치는 2020년 코로나19로 인한 불경기를 제외하고 계속 높아졌습니다. 계산에 따르면 남아 있는 3000억 톤은 대략 6년 뒤에는 다 써버릴 것이라고 합니다. 9000억 톤을 다 쓰는 데는 18년 정도 남았다고 하고요.

하지만 이런 큰 숫자는 감각적이지 않지요. 우리 개인이 각각 얼마나 소비할 수 있는지를 살펴봅시다. 계산에 따르면 온도 상승을 1.5도로 막으려면 개인당 1년에 1.1톤 이상 내놓으면 안 됩니다. 2도로 맞춘다고 하더라도 3.4톤이고요.

우리나라 소득 하위 50%는 7톤, 중간 40%는 15톤, 상위 10%는 55톤, 상위 1%는 180톤을 연간 내놓고 있습니다. 1.5도에 맞춰 단순 계산을 해보면 하위 50%는 6톤, 중간 40%는 14톤, 상위 10%는 54톤, 상위 1%는 179톤을 줄여야 합니다. 소득이 많은 사람일수록 훨씬 더 많이 줄여야 하지요.

그런데 줄이는 방법이 뭘까요? 현재 전 세계에는 이미 대략 1톤

	한국			
	하위 50%	중간 40%	상위 10%	상위 1%
1990년	5톤	9톤	28톤	87톤
2019년	7톤	15톤	55톤	180톤

	세계			
	하위 50%	중간 40%	상위 10%	상위 1%
1990년	1톤	6톤	29톤	83톤
2019년	1톤	6톤	28톤	106톤

4-1. 한국 및 세계의 소득별 이산화탄소 배출량(단위: 톤)

의 이산화탄소를 배출하는 10억 명이 있습니다. 그들처럼 살면 될까요? 하지만 이미 불가능해지지 않았나요? 가끔 채널을 돌리다 보면 나오는 '나는 자연인이다'를 외치는 이들도 그보다 훨씬 많은 이산화탄소를 배출합니다. 이산화탄소를 1톤밖에 배출하지 못하는 10억 명은 일단 집에 전기가 들어오지 않거나 들어와도 전기제품이 거의 없습니다. 다큐에서 자주 보죠. 전등 한두 개, 라디오나 브라운관 TV 정도가 다입니다. 수도시설도 없어 주변 하천이나 우물에서 물을 길러옵니다. 대부분 농사를 지으며 자급자족에 가까운 생활을 합니다. 옷은 평상시 입는 한두 벌을 제외하면 거의 없죠. 차를 타는 일도 기껏해야 일주일에 한 번 정도고 대부분 걸어 다닙니다. 마을 단위로 전화가 있고 휴대폰도 거의 없습니다. 취사는 가축의 분뇨나 주변 잡목, 풀로 해결합니다. 냉장고도 세탁기도 에어컨도 전자레인지도 없습니다.

이미 현대 자본주의의 혜택을 잔뜩 받고 있는 우리가 다시 이런 생활로 돌아갈 수 있을까요? 아니, 나는 돌아갈 수 있다고 하더라도 사회 전체가 이렇게 회귀할 수 있을까요? 마치 영화에 나오는 포스트아포칼립스, 인류 멸망 이후의 삶이라면 모를까 불가능한 일입니다. 결국 우리가 누리는 이 혜택 중 많은 것을 포기한다고 하더라도 현재의 삶을 유지하는 가운데 이산화탄소 배출을 줄이는 방법을 채택할 수밖에 없습니다.

그 방법이 거의 모든 전기를 재생에너지로 충당하고, 산업 부문을 시작으로 모든 에너지는 전력으로 대체하고, 온실가스가 발생하는 온갖 부분을 샅샅이 살펴 대안을 찾는 겁니다. 결국 돈이 드는 거죠. 앞서 데이터들을 인용한 「기후변화와 탄소 배출의 지구적 불평등 1990-2020」 보고서에 따르면 매 해 2조 달러의 비용이 필요하다고 합니다. 전 세계 GDP의 2% 수준입니다. 엄청난 돈이지요. 그럼에도 이 돈을 써야 하는 많은 이유 가운데 하나를 들자면 쓰지 않고 기후위기의 파국을 맞이했을 때 드는 비용보다는 훨씬 적기 때문입니다.

그런데 여기서 한번 생각해봅시다. 열 명이 하나의 마이너스 통장을 공유했는데 한 명이 돈을 물 쓰듯 해서 바닥이 드러나게 생겼으면 그가 그에 맞는 부담을 져야 하지 않을까요? 지금 한도가 다 차게 생겼으니 다 같이 절약하자고 하면 과연 합당한 일일까요?

더구나 열 명 중 다섯 명은 그야말로 눈물나게 적은 돈밖에 쓰지 않았는데 똑같이 토해내자고 하면 얼마나 억울한 일이겠습니까?

이산화탄소를 줄이자면 전기요금도 오르고 물가도 오를 수밖에 없습니다. 이에 대한 대책을 세우지 않으면 이때까지 이산화탄소 배출에 책임이 덜한 사람이 오히려 더 많은 부담을 지게 되는 또다른 불평등이 만들어집니다.

대표적인 것이 탄소세와 탄소국경세입니다. 탄소세는 온실가스를 배출하는 제품에 붙는 세금입니다. 간단하게 생각하면 부가가치세 같은 거죠. 휘발유에도, 숯에도, 소고기나 돼지고기에도, 철강제품에도, 플라스틱이나 의류 등 온갖 것들에 붙게 됩니다(물론 이산화탄소를 배출하는 모든 제품에 일괄적으로 적용하기는 힘들 거고 순차적으로 이루어지겠지요). 탄소국경세도 마찬가지로 외국에서 들여오는 제품이 이산화탄소를 배출한다면 그에 맞는 관세를 매기겠다는 거죠.

이 둘의 필연적 결과는 가난한 이들을 더 가난하게 만드는 겁니다. 이런 식의 세금을 역진세라고 합니다. 가난한 사람이나 부자나 동일하게 무는 세금이지요. 만약 탄소세로 인해 물가가 10% 올랐다고 칩시다. 월 200만 원을 벌어 생활비로 160만 원을 쓰고 40만 원을 저축하는 이는 이제 생활비로 176만 원을 써야 하고 저축은 24만 원으로 줄어듭니다. 하지만 월 1000만 원을 벌어 생활비로 500만 원을 쓰고 500만 원을 저축하는 사람은 생활비가 550만 원이 되고 저축은 450만 원이 될 뿐입니다.

더구나 가난한 사람의 160만 원은 절약할 부분이 거의 없는 필수적인 지출입니다. 176만 원이 된다고 아낄 수가 없다는 거죠. 하지만 부자의 500만 원은 줄일 수 있는 부분입니다. 하다못해 옷 한 벌 덜 사고 외식 한두 번만 덜 하고 조금 덜 비싼 와인을 마시면 되는 일입니다. 물론 그들로서야 그것도 엄청난 희생이겠지만요.

이렇게 탄소세를 매기게 되면 탄소세 세율을 크게 높일 수도 없습니다. 물가가 미친 듯이 오르면 가난한 이들에겐 치명적이니까요. 그런데 세율이 높지 않으면 부자들에겐 탄소세를 냄으로써 죄책감을 덜어낸 상태에서 소비를 하라고 하는 거죠. 여전히 이산화탄소를 내뿜을 권리를 주는 셈입니다.

방법이 없는 것은 아닙니다. 우선 자산세입니다. 석유나 석탄, 기존 고로 방식의 제철기업, 시멘트기업 등 이산화탄소 발생에 큰 책임이 있는 기업의 주식을 보유한 이들에게 추가로 자산 보유세(오염 부유세pollution top-up라고도 합니다)를 물리는 것이지요. 또 다른 방법으론 사치성 탄소집약적 소비용품에 대한 탄소세 세율을 훨씬 더 높이는 거죠. 비즈니스 클래스 항공권, 요트, 대형 승용차나 SUV, 고가의 의류 등에 말이지요. 생활에 꼭 필요한 제품에 대해선 탄소세 세율을 낮추고, 그렇지 않은 제품엔 무겁게 탄소세를 매기는 차등적 탄소세가 필요합니다.

또한 자산과 소득에 대한 누진세를 지금보다 훨씬 더 강화할 필요가 있겠지요. 그리고 그 세수로 하위 50%에 대한 추가 지원이 이루어져야겠지요. 이는 시혜가 아니라 그동안 이산화탄소 배출량이 적었던 이들에 대한 당연한 보상이라 볼 수 있습니다. 사회가 기후위기를 막지 못해 일어난 재난에 대한 지원금이기도 합니다.

마찬가지로 국가적으로 볼 때 이제까지 이산화탄소 배출에 책임이 큰 미국과 캐나다, 유럽 등이 사하라사막 이남의 아프리카 등 이산화탄소 배출이 적은 나라에 대해 보상을 하는 것 또한 필요한 부분입니다. 저개발국은 이제까지의 기후위기에 대한 책임이 가장 작긴 합니다만, 이들도 탄소 배출을 줄여야 할 필요는 있습니다. 당연히 탄소를 펑펑 내놓아 지구를 이 지경으로 만든 선진국이 저개발국의 탄소 배출 감소에 대한 재정적 책임을 져야 합니다. 더불어 저개발국이 기후위기로 인해 겪는 고통에 대해서도 배상할 의무가 있고요.

기후위기가 인류 전체의 문제라는 데는 동의합니다. 하지만 기후위기의 죄인이 '우리 모두'라고 하는 데는 동의할 수 없습니다. '기후위기'가 만들어지는 과정을 주도하면서 부를 얻고 안락한 생활을 누린 이들이 있고, 그들이 가장 큰 책임을 져야 합니다.

제5장

노동과
시민

우리가 소비를 줄일 때 비정규직이 일자리를 잃는다

기후위기가 심각하다는 이야기를 들은 당신은 할 수 있는 아주 작은 실천부터 시작하기로 합니다. 장바구니를 마련하고 일회용 비닐봉지를 쓰지 않기로 결심했지요. 혼자 실천해봤자 별 의미가 없다 여기고 주변의 이웃에게도 장바구니 들기를 권합니다. 마침 기후위기가 심각하다고 다들 생각하고 있었고 뭐라도 해야겠다던 참이라 당신뿐 아니라 다른 이들도 모두 장바구니를 들고 갑니다. 시장에 장바구니를 든 이들이 늘어나면서 다른 이들도 하나둘 장바구니를 마련합니다. 얼마간의 시간이 지나자 시장에선 장바구니를 들지 않은 이들을 찾기가 더 어려워졌지요.

시장 상인들도 이런 변화를 내심 반깁니다. 상인회 차원에서 더

이상 비닐봉지를 쓰지 않기로 결정합니다. 이런 소식들이 뉴스에도 나오고 SNS를 통해 퍼집니다. 이를 보고 들은 다른 시장에서도 비슷한 현상이 나타납니다. 소비자들은 장바구니를 들었고, 시장 상인들은 이제 더이상 비닐봉지를 쓰지 않습니다.

여기까지만 보면 아주 행복한 이야기지요. 하지만 말이죠. 잠깐 다른 곳도 볼까요? 시장 상인들에게 비닐봉지를 팔던 사람들은 어떻게 될까요? 그리고 그들에게 비닐봉지를 공급하던 공장은 어떻게 될까요? 만약 비닐봉지만 만들던 공장이면 그냥 망하는 거지요. 다른 제품도 만들던 곳이라면 매출이 줄어도 버틸 순 있을 겁니다. 하지만 그 공장에서 일하던 이들 중 일부는 일자리를 잃을 겁니다. 그런 영세공장은 보통 한국인 사장과 관리자가 있고, 실제 생산을 담당하는 이들은 한국인보다는 외국인 노동자가, 남성 노동자보다는 여성 노동자가, 정규직보다는 비정규직이 주를 이루고 있습니다. 먼저 잘리는 이들은 외국인, 여성, 비정규직 노동자입니다.

당신은 비닐봉지 대신 장바구니를 든 것처럼, 대중교통을 이용하기로 합니다. 집에 차가 있지만 꼭 필요한 경우가 아니라면 버스와 지하철을 타고, 창고의 자전거를 꺼내 탑니다. 아침마다 차로 아이를 학교까지 바래다줬지만 이제 아이에게 버스를 타라고 합니다. 아주 좋은 일이죠. 보통 우리가 차를 바꿀 때는 얼마나 오래 탔느냐보다는 몇 킬로미터나 달렸느냐를 기준으로 삼지요. 당신은 대중교통을 이용하면서 자가용 이용률이 절반 이하로 줄었습니다. 5년 타던 차를 10년 타게 된 거지요.

당신만이 아닙니다. 기후위기에 심각성을 느낀 많은 시민들이 다들 자가용 대신 대중교통을 이용하기 시작합니다. 이미 차를 가지고 있던 이들은 차의 교체 주기가 길어지고, 새로 차를 장만하려던 이들도 조금 더 미루기로 합니다. 대중교통을 주로 이용하고 꼭 필요할 때는 차를 렌트하기로 마음먹은 거죠.

이 모든 일들이 합쳐지니 우리나라 연간 자동차 판매량이 줄어듭니다. 매년 조금씩 판매량이 늘었는데 반대로 조금씩 줄어드는 거죠. 현대자동차그룹이 가장 먼저 영향을 받겠지요. 하지만 현대자동차나 기아자동차에 다니는 정규직 노동자들의 일자리는 크게 위험하지 않습니다. 매년 정년이 되어 은퇴하는 이들이 있으니 신규 고용을 줄이기만 하면 되니까요. 그리고 손대기 쉬운 비정규직을 줄이면 되지요. 정규직 노동자와 같은 조립라인에서 일하던 비정규직 노동자들이 하나둘씩 사라집니다.

현대자동차의 판매량이 줄어드니 자연히 이들 기업에 납품하는 자동차 부품업체의 매출도 줄어듭니다. 그리고 이들 부품업체에 납품하던 하청들도 줄줄이 매출이 줄어들지요. 그렇다고 한꺼번에 망하거나 하진 않습니다. 외국에 수출을 하기도 하고 다른 영역에서 매출을 일으키기도 하며 나름 최선을 다하겠지요. 하지만 그곳에서 일하던 노동자는 다릅니다. 말 그대로 정규직보다는 비정규직이 먼저 사라집니다. 마찬가지로 한국인 노동자보다는 외국인 노동자가 더 먼저 줄어들겠지요.

이런 일들이 곳곳에서 나타납니다. 내연기관 자동차 대신 전기자동차를 타면 역시나 비슷한 일이 일어납니다. 전기자동차는 내연기관 자동차에 비해 부품 개수가 3분의 1쯤 줄어듭니다. 엔진도 변속기도 없습니다. 냉각장치도 배기장치도 없습니다. 마찬가지로 부품업체들이 비명을 지르게 됩니다.

그뿐만이 아닙니다. 부품 개수가 줄어드니 고장도 줄어듭니다. 자동차 정비소를 갈 일도 3분의 1 정도로 줄어듭니다. 엔진 오일을 갈 일도 없고 냉각수를 보충할 필요도 없습니다. 우리나라 전역에 자동차 정비업소가 3만 개가 넘습니다. 그중 꽤 많은 업체가 문을 닫게 될 거고, 닫지 않은 업체에서도 직원수를 줄이겠지요. 실제로 제주도의 경우 전기차가 5%를 넘자 자동차 정비소 59곳이 문을 닫았습니다.

화력발전소가 사라지면 그곳의 노동자도, 노동자를 태우던 버스 기사도, 그 주변의 상가도 모두 타격을 받게 됩니다. 산업의 한 부분에서 역성장이 나타나면 그곳뿐만 아니라 연관된 곳 모두에서 문제가 생깁니다. 게다가 가장 큰 희생은 가장 약한 이들이 치르게 됩니다.

기후위기가 일으키는 다양한 현상에서 가장 큰 고통이 가장 가난한 이들의 몫이라면, 기후위기를 극복하는 과정에서의 고통 역시 가장 가난한 이들이 일차적으로 지게 됩니다. 이 문제를 어떻게 해결할 것인지 같이 토론하고 대책을 세우지 않으면, 이전에 인류에게 닥친 수많은 난관을 가장 힘없는 이들의 희생으로 넘긴 것과 같은 일이 반복되겠지요.

3년이 지나면 절반이 죽는다

옛날 영국이나 네덜란드에서 출발한 배가 인도네시아쯤에 가서 교역(이라고 쓰고 수탈이라고 읽어야 하는)을 하면 아주 큰 수익을 올릴 수가 있었습니다. 몇십 배의 수익도 있었다고 하지만 여기서는 대충 10배의 수익이라고 하지요.

배는 암스테르담쯤에서 출발해서 포르투갈과 스페인을 지나 아프리카 서해안을 따라 계속 내려가서 희망봉을 돌아, 다시 아프리카 동해안을 타고 올라가다 인도양의 계절풍을 타고 인도네시아까지 가야 했지요. 교역을 무사히 마치고는 왔던 길을 따라 돌아오려면 2년 정도 걸리는 건 다반사였다고 합니다. 그 과정에서 해적에게 털리기도 하고, 폭풍을 만나 난파되기도 하는 등 꽤나 위험한 일이었습니다. 여기선 대충 50%의 확률로 돌아왔다고 하지요.

배가 세계를 반 정도 돌고 오려면 꽤 많은 비용이 필요합니다. 대충 10억이라고 합시다. 유럽의 어느 부자가 10배라는 높은 수익에 혹해서 10억을 투자하려고 하지만 돌아올 확률이 50%라는 것 때문에 못내 불안합니다. 고민 끝에 이 사람은 좋은 방안을 찾았습니다. 10억을 배 하나에 몰빵하는 게 아니라 10척의 배에 각각 1억씩 투자하면 되겠다는 생각이었죠.

이러면 위험이 굉장히 줄어들지요. 모든 배가 사고가 날 확률은 정확히 하면 1024분의 1이 됩니다. 0.1%도 되질 않는 거죠. 1척의 배만 돌아오면 10배의 수익이니 10억을 법니다. 본전치기죠. 이럴 확률은 1% 조금 안 됩니다. 나머지 1024분의 1013은 수익이 납니다. 이렇게 투자를 나눠서 하면 위험은 줄어들고 수익은 수익대로 챙길 수가 있지요. 이 사람은 자신과 비슷한 자산을 가진 사람을 모아 10명이서 10척의 배에 분산투자를 합니다.

10척의 배가 떠났지만 돌아온 건 5척이었습니다. 이제 총수익은 500억이었지요. 각자 배 한 척씩에 몰빵을 하면 10명 중 5명은 빈털터리가 되고 나머지 5명은 100억을 벌었겠지만, 분산투자를 통해 이들은 모두 각각 50억의 수익을 얻을 수 있었습니다.

모두 행복한 결말이지요? 그런데 정말 그럴까요? 그렇지 않습니다. 이 이야기를 자세히 들여다보면 분산투자를 할 수 없는 이들이 있습니다. 선원들이죠. 선원들이 가진 건 목숨과 자신의 노동뿐인데 이건 분산투자가 되질 않습니다. 배 한 척에 몰빵할 수밖에요. 물론 무사히 살아 돌아오면 이들도 꽤 큰 임금을 받기로 약속했지만 자신을 열 척의 배에 나눌 순 없는 거지요. 이들은 50%의 확률로 죽을 수 있는 일에 자신을 내맡깁니다.

그런데 이런 위험한 일을 할 사람이 있냐고요? 물론 있었습니다. 예전 노동자들에게는 노동조합도, 실업 급여도, 최저임금도, 생계급여도 없었으니까요. 가장이 나가서 하루 종일 일을 하고 와도 빵 한두 덩이 사면 끝이었습니다. 혼자 일해선 도저히 먹고살 수 없으니 가족이 총동원됩니다. 열 살쯤 되면 아이들도 일을 나갑니다. 남자아이들은 좁은 탄광에 들어가 석탄을 캐고, 여자아이들은 섬유공장에 가서 천을 짜고 옷을 만들었지요. 귀족 집에서 허드렛일을 하기도 하고요. 누구 하나 사고가 나거나 병이라도 생기면 큰일이었습니다. 의료보험이 있을 리 만무하죠. 돈이 된다면 무슨 일이든 할 수밖에 없는 이들이 숱하게 많았습니다.

선원들은 반은 죽고 반은 삽니다. 하지만 이들이 번 돈이 다시 배를 타지 않아도 될 정도는 아니지요. 부자들은 10억을 분산투자해서 평생 놀고먹을 만한 돈을 벌었지만, 선원들은 그저 이전까지 진 빚의 일부를 갚거나, 어린애들이 탄광으로 공장으로 가지 않아도 굶지는 않을 정도를 번 것이지요. 그래서 선원은 다시 배를 탑니다.

그들이 한 번 탈 때 죽지 않을 확률은 2분의 1, 두 번 탈 때 죽지 않고 돌아올 확률은 4분의 1, 세 번 탈 때 죽지 않고 돌아올 확률은 8분의 1, 네 번 탈 때 죽지 않고 돌아올 확률은 16분의 1입니다. 선원들은 임금을 선불로 받았죠. 죽으면 받을 수 없으니까요. 돈은 가족에게 맡기고 항해를 떠난 선원이 돌아오지 않는 경우가 다반사였습니다. 남은 가족은 돌아오지 않는 선원을 추모할 여유도 없습니다. 살았는지 죽었는지도 모른 채 남은 가족은 각자 탄광으로 공장으로 귀족의 저택으로 일을 하러 떠났지요.

누구는 대항해 시대로, 또 누구는 고전주의와 낭만주의의 시대로 기억하는, 하지만 제게는 야만의 시대로 기억되는 시기였습니다. 돈을 가진 이는 그 돈을 곳곳에 투자해서 더 많은 돈을 법니다. 그리고 그 돈을 벌게 해주는 건 절반의 확률로 죽는 선원이었습니다.

이게 아주 먼 이야기 같지요? 사실은 우리나라 이야기이기도 합니다. 2020년 기준 우리나라 광산업은 총 1만 664명이 일하고 있습니다. 그중 산재 사망자는 424명입니다. 100명당 4명이 매년 산재로 죽었습니다. 이곳에서 10년을 일한 사람은 100명당 40명이 죽었습니다. 거의 절반에 가깝지요. 그중에서도 석탄광업 및 채석업은 더 심합니다. 2504명이 일하는데, 한 해 사망자수가 381명입니다. 한 해 100명 중에 15명이 죽었습니다. 3년 일하면 100명 중 45명이 죽습니다. 아무리 사양산업이지만 이렇게 사람이 죽어나가는 게 말이 됩니까? 이 살인 기업의 이름은 대한석탄공사와 주식회사 동원입니다. 그리고 정부입니다.

탄광의 채산성이 낮아지고, 석탄발전소를 줄여야 하는 입장에서 정부는 탄광산업의 구조조정을 계속 밀어붙였습니다. 노조에 따르면 상황은 점점 나빠지고 있습니다. 탄광 작업장은 석탄을 캐면 캘수록 지하로 더 깊이 들어가야 하는 만큼 갱목 등 관리해야 할 시설 또한 늘어날 수밖에 없습니다. 때문에 석탄 생산량이 줄어든다고 일하는 사람을 줄이기는 힘듭니다. 그런데 정부는 계속 구조조정을 요구했고 석탄공사는 그 명을 받아 실제로 구조조정에 돌입했죠. 3명이 하던 일을 2명이 하고, 또 2명이 하던 일을 1명이 하는 상황이 이어져 최근엔 1명이 감당할 수 없는 상황에 이르렀다고 합니다.

기후위기의 시대, 석탄 노동자들은 오직 죽음만이 반기는 미래로 내몰리고 있습니다. 그런데 정작 이곳 탄광 노동자의 현재 가장 큰 고민은 탄광이 폐쇄되면서 자신들이 일할 곳이 사라진다는 점입니다. 2023년에는 전남 화순광업소, 2024년에는 태백 장성광업소, 2025년에는 삼척 도계광업소가 폐광합니다. 그러면 삼척 상덕광업소만 남습니다. 약 1500명의 노동자들이 일자리를 잃습니다. 그중 70%가 50~60대 고령층입니다. 더구나 이들 중 3분의 2는 근골격계 질환, 소음성 난청, 진폐증 등으로 산재 판정을 받은 사람들입니다. 새 직장을 찾기가 쉽지 않지요. 정부가 이들에게 내놓은 대책은 폐광대책비와 특별위로금 두 가지뿐입니다. 목돈을 주고 끝내는 거죠. 어떤 대책도 없습니다.

태백은 탄광도시입니다. 장성광업소가 태백시 경제의 25%를 차지합니다. 이들이 일자리를 잃으면 지역경제도 추락할 수밖에 없습니다. 『단비뉴스』에 따르면, 1998년부터 석탄·갈탄산업을 축소해온 독일은 2018년 흑탄(유연탄) 광산 중 마지막 광산을 폐쇄할 때까지 8만여 명의 노동자를 대상으로 조기은퇴(49세 이상) 혹은 이직 프로그램(49세 미만)을 시행해 퇴직자 절반 정도가 재취업에 성공했습니다.[*] 정부가 해야 할 당연한 일입니다만 대한민국 정부는 이 부분에 묵묵부답입니다.

우리나라 석탄산업은 크게 발전소나 기업에서 사용하는 산업용과 가정에서 사용하는 연탄, 이 두 시장으로 나뉩니다. 그중 산업용은 주로 외국에서 수입해서 쓰고 연탄은 국내 탄광에서 생산된 걸 주로 씁니다. 석탄산업의 다른 끝 연탄에는 또다른 문제가 있습니다.

도시에 사는 대부분의 사람들은 도시가스를 쓰지만, 판자촌과 농촌 등 아직 많은 곳에서 연탄은 겨울나는 데에 주요한 난방연료입니다. 대부분 저소득층이죠. 전국적으로 총 8만 가구가 조금 넘습니다. 이 중 기초수급가구가 2만 5000가구 가까이 되고 차상위 가구가 8000가구, 소외가구가 3만 6000가구 정도로 84%가 생계곤란층입니다. 판잣집이나 산동네에 주로 거주하는 생계곤란층의 경우 정부에서 지원하는 연탄 쿠폰과 민간단체의 연탄 기부로 연탄값은 크게 걱정하지 않고 겨울을 지내고 있습니다.

---

[*] "'막장'에서 땀 흘린 이들의 희망은 어디에", 『단비뉴스』 2022년 6월 5일자.

연탄은 사실 몸에 좋지 않죠. 일산화탄소도 나오고, 각종 오염물질도 다른 화석연료보다 많습니다. 거기다 온실가스도 더 많이 발생합니다. 석탄이 퇴출되듯 연탄도 사라져야 할 연료이긴 합니다. 그리고 탄광이 문을 닫으면서 연탄 생산도 중단될 겁니다. 순리에 따르는 일이긴 하지만 연탄을 쓰는 당사자들에겐 문제가 됩니다. 저 8만 가구의 난방과 취사는 어떻게 되는 걸까요? 에너지경제연구원에 따르면 동일한 에너지를 내는 데에 연탄은 약 50원의 비용이 드는데, 전기는 122원, 도시가스는 155원이 듭니다. 난방과 취사에 들어가는 비용이 두 배에서 세 배까지 늘어나는 거죠. 더구나 관련 시설도 새로 설치해야 합니다. 가스레인지, 가스보일러, 전기보일러, 인덕션 이런 것들이죠. 무허가 건물, 빈집, 월세, 쪽방 등에 사는 이들에게 가능이나 한 걸까요?

연탄은 사라져야 할 연료인 건 맞습니다. 그럼 연탄을 쓰는 사람도 연탄처럼 사라져야 하는 걸까요? 대책은 간단합니다. 이들에게 제대로 된 주거 공간을 마련해줘야 합니다. 장기 공공임대주택이 필요합니다. 그리고 난방과 취사에 드는 연료비를 보조해줘야죠. 하지만 이 일을 해야 할 정부가 뒷짐만 지고 있습니다.

정의로운 전환

고용노동부의 자료에 따르면 기후위기를 극복하는 과정에서 일자리를 잃게 되는 사람이 약 90만 명이라고 합니다. 표를 보면 대부분이 자동차업계와 화력발전소 관련업입니다. 내연기관 자동차가 전기차로 바뀌는 과정에서, 화력발전이 재생에너지발전으로 바뀌는 과정에서 생길 일입니다. 이들 노동자들이 기존 일자리 대신 새로운 일자리를 찾을 수 있도록 프로그램을 잘 준비하고, 생계에 대한 걱정을 하지 않도록 재정적 지원을 하는 것은 기후위기를 극복하는 과정에서 가장 중요한 일 중 하나지요.

그리고 일자리는 이미 사라지고 있기도 합니다. 보령화력 1·2호기가 2021년에 폐쇄되었습니다. 2025년에는 4기의 화력발전소가 폐쇄되고 2028년, 2029년 등 충청남도에서만 2032년까지 총 14기

완성차 업체	126,000명
완성차 협력사	220,000명
자동차 정비·판매영업	280,000명
주유 운송·판매	260,000명
발전 공기업 및 민간기업	5600명
원류운반·보조설비 운전	8000명
계	899,600명

5-1. 2050년 탄소중립으로 일자리를 잃을 국내 노동자 전망치(자료: 고용노동부)

의 화력발전소가 폐쇄됩니다. 자동차 부품업체에서도 벌써 정리해고가 이루어지고 있습니다. 모두 기후위기 대응 때문에 일어난 일만은 아니지만 지난 5년여 동안 자동차 부품업계에서 약 5만 명의 일자리가 사라졌습니다.[*]

그런데 우리가 한 가지 간과하는 것이 있습니다. 우리나라 실업률은 선진국 중에서 꽤 낮은 상태를 계속 유지하고 있거든요. 21세기 들어 실업률이 높을 때가 4%대이고 보통 3% 중반입니다. 구직 과정에서 발생하는 일시적 실업을 고려하면 거의 완전고용에 가깝습니다. 물론 앞으로도 계속 이러리란 보장은 없습니다만 현재 일자리를 구하려면 구할 순 있다는 말입니다.

하지만 여기에는 함정이 있지요. 제대로 된 일자리들로 채워져 있느냐는 거죠. 비정규직이 전체 노동시장의 40%가 넘는 상황, 꾸준히 증가하고 있는 플랫폼 노동, 최저임금으로 겨우 버티는 자리들로 채워진 완전고용이 무슨 의미가 있겠습니까? 탄소중립으로 가는 과정에서 일자리를 잃게 될 노동자들의 고민도 정확히 말하자면 그냥 일자리가 아니라 '제대로 된 일자리', '안정적인 고용이 보장되는, 일한 만큼의 대가를 받는 일자리'인 것이죠.

그리고 노동문제는 단순히 사라진 일자리 대신 새로운 일자리를

---

[*] 「[단독] 일자리 정부라더니 5만 명 증발…산단이 멈춘다」, 『서울경제』 2022년 4월 27일 자. https://www.sedaily.com/NewsView/264UV2Z5WX

구해준다는 차원의 문제는 아닙니다. 또 하나, 잃어버릴 일자리만의 문제도 아닙니다. 생각보다 다양한 노동문제가 기후위기 그리고 이의 정의로운 극복과 관련되어 있습니다.

지난 2022년 9월 24일 서울시청 앞에서 '기후정의행진'이 있었습니다. 코로나19 이전인 2018년에 1000여 명이 모인 가운데 기후행진이 있은 지 4년 만이었습니다. 약 3만 5000명이 모였습니다. 4년 만에 30배가 넘는 사람들이 모였죠. 그 집회와 행진 중에 기후위기 당사자들이 나와서 자신의 이야기를 했는데 그중에는 화력발전소의 노동자들도 있었습니다. 이제 역사의 뒤안길로 사라질 화력발전소에서 일하는 분들이었죠. 이들이 주로 이야기한 것은 '정의로운 전환'이었습니다. 들어보신 분들도 있을 겁니다.

'정의로운 전환'이라는 개념이 처음 나올 때는 실직 노동자에 대한 대책 정도로 이야기된 것이 맞습니다. 하지만 지금의 정의로운 전환은 그를 포함한 좀더 깊고 넓은 개념이 되었습니다. 물론 다른 생각을 가진 분들도 있겠지만 최소한 저는 그렇게 이해하고 있습니다.

먼저 노동의 정의로운 전환은 단지 사라지는 일자리의 노동자를 다른 일자리로 돌리는 것이 아니라 제대로 된 노동을 할 수 있는 조건을 만드는 것이라 할 수 있습니다. "노동자와 사회에게 유해하고 지속가능하지 않은 산업과 일자리가 안전하고 더 좋은 일자리로 전환할 때 이 과정과 결과가 모두 정의롭도록 만들어야 한다는 개념이자 원칙"*입니다.

예를 들어, 안전한 노동에 대해 잠깐 이야기해봅시다.

2022년 10월 SPC그룹 계열사 SPL에서 노동자 한 명이 기계에
끼여 사망했습니다. 2인 1조로 작업해야 하는데 다른 한 명은 일
이 있어 바깥에 나가 있는 상태였습니다. 그전의 구의역 '김 군'
스크린도어 사망사고, 태안발전소 김용균 사망사고 등도 마찬가
지로 2인 1조로 할 일을 혼자 하다가 더 큰 사고로 이어진 경우였
습니다.

2006년 한국철도공사는 역무 분야 인력운영 합리화방안을 마련
하면서 역무 업무를 "안전유지가 낮은 비핵심 업무"로 규정하고
외주화를 추진했습니다. 그 결과 철도공사가 운영하는 수도권 전
철역의 절반은 '코레일네트웍스'라는 자회사로 외주화되었죠.

서울교통공사도 사정은 마찬가지입니다. 공사가 직접 운영하는
역의 역당(km) 인원은 14.2명인데, 외주화된 9호선의 경우 6명에
불과합니다. 역무 인력을 감축하려면 이들의 업무가 위험하지 않
을 뿐만 아니라 단순업무라는 재정의가 불가피합니다. 즉 기존의
안전 인력은 '남아도는 인력'으로 간주되어 필요 인력의 범주가 축
소된 것이죠. 이렇게 외주화를 위한 적정 인력은 기존의 안전 인력

---

* 김현우, '정의로운 전환의 유용성과 딜레마', 생태적지혜(https://ecosophialab.com/정의로
운-전환의-유용성과-딜레마/).

을 와해시키면서 다시 계산되었습니다.[*]

철도공사와 같은 공기업뿐만이 아닙니다. 많은 기업들이 안전한 노동을 일종의 '선택'으로 놓고, 비용 절감이라는 차원에서만 바라봤습니다. 이제 다시 안전한 노동을 위한 재조정이 필요합니다.

또 하나, 앞에서 이야기했던 것처럼 우리의 노동이 오로지 성장을 위해서만 사용되어야 하는 건 아닙니다. 오히려 우리 스스로의 돌봄과 사회적 안전을 위해 쓰이는 게 맞지요.

우리 사회는 해마다 새로운 부, 잉여가치를 만듭니다. 예를 들면 재료비와 인건비 등 총 1000원을 투입해서 만든 제품을 1200원에 팝니다. 200원의 잉여가 생긴 것이죠. 이 200원의 잉여 중 일부는 세금의 형태로 지출되고 나머지는 기업의 몫이 됩니다. 기업의 몫의 일부는 주주의 배당금이 되고 나머지 대부분은 새로운 시장을 개척하고 새로운 제품을 만드는 데에 쓰입니다. 세금도 일부는 기존 사회시스템을 유지하기 위한 비용으로 지불되고, 일부는 국가 단위의 새로운 부를 쌓기 위한 과학기술 투자 등에 쓰이고, 또 일부는 새로운 돌봄의 영역으로 들어갑니다. 결국 우리가 생산한 부는 대부분 우리 스스로를 위해 쓰이기보다는 새로운 부를 만들기 위해 쓰이는 거죠.

---

[*] '지하철 SOS, 역무원은 달린다', 『참여와혁신』(http://www.laborplus.co.kr/news/articleView.html?idxno=31142)

이 흐름을 바꾸자는 겁니다. 생산한 부 중 많은 부분을 우리 스스로를 위해 쓰자는 겁니다.

필수 노동

'필수 노동'이란 단어는 대부분 코로나19를 겪으면서 처음 접했을 겁니다. 사회를 유지하기 위해 꼭 필요한, 그래서 코로나19가 창궐하더라도 그 노동을 멈출 수 없는 이들입니다. 필수 노동은 기후위기를 극복하는 과정에서도 중요합니다. 기후위기의 다양한 모습 중에는 새로운 감염병과 더 잦은 기후재해도 있습니다. 가난한 이들, 소수자가 가장 먼저 이 재난을 마주치게 될 것이고 이때 필수 노동이 제대로 유지되어야 대처할 수 있는 거지요.

그럼 필수 노동에는 뭐가 있을까요? 먼저 코로나 상황에서 가장 중요했던 영역이 보건의료 노동이었습니다. 간호인력, 의사, 방역 노동자 등이 이에 해당합니다. 두 번째로는 돌봄 노동이 있습니다. 각종 시설에서 일하는 노동자, 장애인·노인 가정을 방문하는 돌봄 노동자, 가사 노동자들이 여기에 해당합니다. 세 번째로는 운송 서비스 노동이 있습니다. 버스, 택시, 열차 등 대중교통과 택배·배달 노동자, 물류센터 노동자, 대리운전 노동자 등이 있죠. 다음으로 환경 노동자들이 있습니다. 아무리 코로나19가 극심해도 청소를 하지 않을 순 없지요. 단지 각 구청에 소속된 청소 노동자만 있는 것이 아니라 건물 청소, 폐기물 수거 및 운반 노동, 재활용 선별 노동 등 생각보다 다양한 영역이 있습니다.

정부의 시선 밖에 있는 필수 노동자들도 있습니다. 농업 노동도 필수 노동입니다. 시장에 갔는데 먹을거리가 없다고 생각해보세요. 교통, 소방, 발전, 전기 송배전, 가스, 인터넷 인프라스트럭처 유지관리 등 생각해보면 필수 노동은 생각보다 엄청 많습니다. 사실 노동 중 필수적이지 않은 게 뭐가 있겠습니까?

그런데 이렇게 필수 노동에 종사하는 사람들을 실제 직업으로 나열해보면 느껴지는 지점이 있습니다. 첫 번째는 비정규직이 엄청 많다는 거죠. 방역 노동자, 돌봄 노동자, 가사 노동자, 택배·배달 노동자, 물류센터 노동자, 대리운전 노동자, 건물청소 노동자, 재활용 선별 노동자 대부분이 비정규직입니다. 우리 사회에 꼭 필요한 노동인데, 그 노동이 없으면 많은 이들의 삶이 위협을 받는데, 정작 그 일을 하는 사람들은 대부분 비정규직인 거죠. 이들 중 많은 이들은 노동자성마저 부정당하고 있습니다. 개인소득자로 소득의 3.3%를 소득세로 떼는 택배 노동자, 화물 노동자. 이들이 안정적인 노동조건을 갖추는 것이 사실 필수 노동을 안정적으로 유지하는 데에 가장 중요한 일이지요. 기후위기를 안정적으로 극복하기 위해 우리에게 필요한 필수적인 조치가 필수 노동에 종사하는 사람들의 안정적 노동입니다.

또 하나, 이런 필수 노동에 종사하는 이들 대부분이 최저임금을 받고 있습니다. 왜 그럴까요? KBS가 정부 발표에 포함된 네 개 직업군의 9개 작업 종사자를 대상으로 조사한 바에 따르면* 필수 노동자는 해마다 그 비율이 늘어나 2021년에 448만 명에 달합니다. 생각보다 많지요? 전체 취업자 대비 16%나 됩니다.

그런데 말이죠, 필수 노동자가 되려면 세 가지 조건에 맞아야 합니다. 나이가 들어야 하고, 여성이어야 하고, 저임금 노동에 만족해야 합니다. 필수 노동자 평균 나이는 전체 취업자보다 4살 정도 많은데 특히 60세 이상이 36.4%입니다. 그리고 여성은 전체 필수 노동자의 56%입니다. 즉 나이든 여성들이 필수 노동에 많이 참여하고 있는 거죠. 이는 돌봄과 청소 분야를 이분들이 꽉 잡고 있기 때문입니다.

이들이 필수 노동을 장악할 수 있는 이유는 평균임금이 아주 낮기 때문이죠. 전체 취업자가 한 달에 버는 돈은 평균 257만 원이 살짝 넘습니다. 그런데 필수 노동자는 162만 원이 조금 넘죠. 95만 원 차이가 납니다. 더구나 이 차이는 계속 벌어지고 있습니다. 전체 취업자 임금은 4년 동안 9만 4000원이 올랐는데 필수 노동자는 4만 8000원 올라 절반 정도밖에 되질 않습니다.

더구나 일은 점점 빡세집니다. 보건소는 인력 보충이 되질 않고,

---

* "처음 드러난 실태…어느 날 '필수노동'이 멈추면?", KBS 2022년 8월 4일.

시설의 요양보호사는 2명이 교대로 20~30명을 돌봅니다. 배달 노동자는 교통신호 다 지키면 하루에 10만 원 벌기가 힘들죠. 간호사들이 생리혈이 바지에 배어나오도록 일을 하고, KTX기관차 운전사들이 1분 40초 정차하는 동안 화장실을 뛰어갔다오고, 지하철 기관사들이 기관실 안에서 대소변을 봐야 하죠. 일하는 시간은 짧아지는데 할 일은 그대로입니다. 필수 노동자 지원법이 제정되었지만 사정이 나아지진 않습니다.

필수라니까요. 이 사회를 제대로 유지하려면 꼭 필요하다니까요. 그렇게 립서비스를 하죠. '덕분입니다'를 수어로 말하는 광고나 찍으면서 말이죠. 하지만 그 노동에 대해서는 우리 사회의 가장 밑바닥 대접을 하고 있습니다. 기후위기를 헤쳐나가기 위해서라도 꼭 필요한 노동입니다. 그리고 기후위기의 최전선에서 가장 먼저 피해를 당할 이들이기도 합니다. 이들에 대한 대책이 '정의로운 전환'의 제일 앞에 놓여야 하는 이유입니다.

돌봄 노동

통계 중에 경제활동인구라는 것이 있습니다. 15세 이상의 사람들 중 실제 노동할 의지와 능력이 되는 사람입니다. 15세 이상이지만 여기에 해당되지 않는 사람을 비경제활동인구라고 합니다. 우리나라의 경우 경제활동인구가 대략 2900만 명쯤 되고 비경제활동인구는 1620만 명쯤 됩니다. 즉 비경제활동인구가 15세 이상 인구의 36%쯤입니다.* 이렇게 나누면 비경제활동인구는 별 쓸모가 없는 듯이 보이죠. 그런데 말이죠, 육아와 가사가 이유인 경우가 전체의 42%쯤 됩니다. 즉 집안일하고 애 돌보느라 '돈을 버는' 일을 하지 못하는 경우죠.

하지만 생각해봅시다. 돈을 벌지 못하면 노동이 아닐까요? 가사 도우미가 되어 남의 집에 가서 가사일을 하면 노동이고, 내 집에서 우리집 가사일을 하면 노동이 아닌 건가요? 사실 이런 구분은 산업화가 되면서, 자본주의 사회가 되면서 시작된 거라 볼 수 있습니다. 산업화 이전 농사를 지으며 살 때 김매기, 모내기, 새참, 빨래, 청소가 어디 따로 구분이 되었나요? 산업혁명이 시작되고 다른 이로부터 노동의 대가로 돈을 받는 노동과 그렇지 않은 노동이 나뉘고, 돈을 받지 못하는 노동은 하찮게 취급받기 시작했습니다.

돈이 되질 않는 노동, 그림자 노동은 이외에도 많습니다. 직장에서 회식을 하고, 차를 운전해서 회사를 오가며, 인터넷 사이트에 내 정보를 올리고, 콘텐츠를 제공하고, 식당에서 키오스크 앞에서 주문을 스스로 한 다음 다 먹은 음식을 반납하고, 매대의 상품을

---

* 비경제활동인구에 대한 각종 통계는 통계청 경제활동인구조사 중 2022년 4월 것을 기반으로 했습니다.

집어오고, 판매직원이 줄어든 매장과 아예 없는 온라인 쇼핑몰에서 스스로 상품 정보를 확인하죠.

이렇듯 돈을 받지 않는 노동을 누구든 하지만, 그 일은 상당히 중요합니다. 그래서 돈이 많은 이들은 이런 그림자 노동에도 돈을 쓰지요. 비서를 두고, 가정부를 두고, 운전기사를 두고, 정원사를 둡니다. 하지만 대개의 사람들은 이런 일에 돈을 쓸 여유가 없으니 자신이 직접 하거나, 가족 구성원 중 일부가 하게 되지요. 그리고 여전히 그 일부는 여성입니다.

이런 그림자 노동의 가장 중요한 영역은 역시 돌봄 노동이라 할 수 있겠습니다. 육아와 가사 노동이 대표적이죠. 하지만 이 일을 하기엔 우리가 너무 바쁘죠. 여기에서 비즈니스 기회를 포착한 기업들은 다양하게 나눠서 돌봄 노동을 돈으로 만듭니다. 세탁물을 수거하고 다시 배달해주며, 청소를 대행하기도 하고, 밀키트나 즉석요리 식품 혹은 완성된 요리를 배달해주고, 요양 서비스나 육아 서비스를 대행합니다.

여기서도 우린 또다른 노동의 정의로운 전환에 대해 생각하게 됩니다. 두 가지 측면이죠. 하나는 돌봄 노동에서의 불평등입니다. 이미 다들 생각하다시피 비경제활동인구 중 육아와 가사를 담당하는 건 여성이 압도적입니다. 남성이 육아를 담당하는 경우는 1만 명인데, 여성은 99만 9000명입니다. 거의 1 대 100의 비율이지요. 가사의 경우도, 남성은 19만 2000명인데 여성은 575만 명으로 30배가 조금 되질 않습니다(2022년 4월 통계청 경제활동인구조사 자료). 그래서 비경제활동인구 중 남자가 대략 587만 명이라면 여성은 1042만 명으로 두 배 가까이 됩니다.

앞서 이야기한 것처럼 소득에 여유가 있는 사람들은 이를 돈으로 해결합니다. 직접 육아나 가사 노동자를 고용하기도 하고, 아니면 시간제 육아나 가사 노동 서비스를 이용하기도 합니다. 그리고 세탁, 청소 등 기타 노동에 대해서도 비용을 지불하고 자신의 노동을 줄이죠. 하지만 이런 도움이 필요한 것은 소득이 충분한 사람들만이 아닙니다. 소득이 적은 사람들은 그 소득을 벌충하려고 더 많은 시간을 임금을 받는 노동에 쓰고 있으니, 오히려 이들이 이런 돌봄 노동을 해줄 누군가가 필요한 거죠. 흔히 말하길 아내에게도 아내가 필요하다고 하죠. 하지만 소득이 적다보니 이런 일은 부모의 도움을 받지 못하면 잠자는 시간, 쉴 시간을 줄여서 스스로 해결해야 합니다.

또 돌봄 노동이 다른 사람보다 더 절실한 이들이 있습니다. 장애인도, 병을 앓고 있는 이도, 어린이들도, 노인들도, 그렇지 않은 이들보다 더 많은 돌봄 노동이 필요합니다. 하지만 여기서도 소득에 따른 불평등은 여전하지요. 두말하면 잔소리입니다. 소득이 적은 이들은 돌봄 노동이 없어 바깥출입을 못하고, 제대로 된 치료를 받지 못하고 방치됩니다. 그래서 이런 노동, 즉 돌봄 노동에 대한 비용을 사회가, 국가가 부담해야 합니다. 기후위기에 가장 취약한 이들이기도 하죠.

돌봄 노동의 또다른 측면은 이를 제공하는 이들이 부족하고 또 대우가 낮다는 점입니다. 돌봄 노동은 생각보다 종류도 다양하고 영역도 넓은 일로, 전체적으로 대략 110만 명이 일하고 있습니다. 사회 전체로 볼 때에도 결코 적은 숫자가 아니지요. 정부는 크게 사회복지사, 보육교사, 직업상담사, 상담전문가, 청소년 지도사 등의 돌봄 전문직과 요양보호사, 간병인, 방과후 돌봄교사, 어린이집 노동자, 학교 보조교사, 산후조리 종사원 등의 돌봄 서비스직 가사 보조원, 파출부, 베이비시터 등의 돌봄 단순노무직으로 구분합니다. 대우가 가장 좋은 건 돌봄 전문직이고 돌봄 단순노무직이 가장 열악한 조건에서 일을 합니다.

이 중 여성이 92.5%입니다.[*] 그런데 돌봄 전문직은 89%고 돌봄 서비스직은 93.5%, 돌봄 단순노무직은 99%입니다. 연령별로 보면 50대 이상이 가장 많아 56.9%입니다. 특히 노동조건이 나쁜 돌봄 서비스직은 76%, 더 나쁜 돌봄 단순노무직은 93.2%가 50대 이상입니다. 반면 돌봄 서비스직의 50대 이상 비율은 21.6%에 불과합니다. 즉 조건이 가장 나쁜 쪽에 고연령 여성이 몰려 있는 거죠. 그리고 이 비중은 지속적으로 증가하고 있습니다. 늘어나는 돌봄 노

---

[*] 돌봄 노동에 대한 각종 통계는 「코로나19를 계기로 돌아본 돌봄노동의 현주소」, 한국여성정책연구원에서 인용했습니다.

동 대부분을 고연령 여성이 담당하고 있는 거죠.

이렇게 된 데에는 다 이유가 있습니다. 돌봄 노동의 경우 상용직이 55.4%로 전체 취업자 52.5%보다 약 3% 높습니다. 그러나 여기에는 숨어 있는 함정이 있습니다. 상용직이 바로 정규직은 아니라는 거죠. 무기계약직이라고 해서 정식 직원과는 다른 대우를 받죠. 돌봄 노동자는 많은 경우 상용직이지만 무기계약직입니다. 그리고 여기서도 돌봄 전문직은 상용직이 79.7%나 되는데 돌봄 서비스직은 50.1%, 돌봄 단순노무직은 4.7%밖에 안 됩니다. 세상에나, 4.7%입니다.

상용직이 아닌 경우 그나마 조금 나은 임시직이거나 이보다 못한 일용직입니다. 일용직은 일을 할 수 있을지 없을지가 매일 결정되는 아주 불안정한 조건인데, 돌봄 단순직은 이 일용직이 24.2%나 됩니다. 네 명 중 한 명이 일용직인 거죠. 거기다 비임금노동 비중이 상당히 높아 돌봄 단순노무직의 경우 11.9%입니다. 비임금노동이란 자신 또는 가족이 운영하는 사업체에서 일하는 사람이라는 건데 쉽게 말해 자영업자입니다. 그런데 돌봄 단순노무직에 비임금노동이란 뭘까요? 개인사업자를 내고 일을 하는 거죠. 일종의 눈 가리고 아웅입니다. 결국 돌봄 노동 전체가 아주 불안정한 상황에서 존재하는 거죠.

또 하나, 임금이 아주 낮습니다. 2019년 기준 전체 취업자의 경우 시간당 임금이 평균 1만 5500원인데, 이들은 1만 700원입니다.

그리고 전문직이 아닌 돌봄 서비스직은 1만 원, 돌봄 단순노무직은 8700원입니다. 2019년 최저임금이 8350원이니 돌봄 단순노무직 대부분은 최저임금을 받고 있다는 거죠. 더구나 일용직이거나 비임금노동의 경우 하루 일하는 시간이 짧은 경우가 많습니다. 돌봄 서비스직은 일주일에 평균 30.2시간을, 돌봄 단순노무직은 평균 28.4시간을 일합니다. 이렇다보니 돌봄 단순노무직의 평균월급이 약 97만 원입니다. 그렇다고 이들이 딱 이 정도로만 일하는 건 아닙니다. 앞서 살펴봤던 그림자 노동이 야금야금 들어가지요. 방문돌봄 노동자의 경우 대기시간, 작업준비시간은 급여에 포함이 되질 않습니다. 요양보호사도 기관에서 채용할 때 아예 주 15시간 미만으로 고용하는 경우가 많습니다.

이렇게 돌봄 노동에는, 필요로 하는 이들은 계속 늘지만 실제 돌봄 노동에 대한 대가를 지불하기 힘든 측면 하나와, 돌봄 노동 당사자의 열악한 노동환경이라는 이중의 문제가 있습니다. 이런 돌봄 노동에 대한 비용을 사회적으로 책임지는 것이 정의로운 전환의 중요한 지점이 되어야 합니다. 기후위기에 취약한 이들은 말할 필요도 없고 우리 모두에게 필요한 돌봄 노동이 개인의 소득과 관계없이 제공될 때, 그리고 이를 위한 돌봄 노동이 제대로 된 대우를 받을 때 우리 사회의 불평등도 조금 더 개선될 수 있습니다. '돈이 되는 노동'이 아니라 우리에게 필요한 노동이 더 귀하게 대접받아야 하는 거죠. 그럴 때 우리는 더 안전한 사회, 더 평등한 사회가 될 수 있습니다.

시민이 감당해야 하는 일들

노동이 곧 삶이고, 모든 노동하는 이들이 곧 시민입니다. 우리는 기후위기에 당면한 시민으로서 어떻게 해야 할까요? 지금부터 우리가 감당해야 할 것, 바꾸어나가야 할 것들을 살펴보겠습니다.

새로 집을 지어야 하는데 기후위기를 생각하니 단열 시공에 더 힘을 쏟고 싶습니다. 철근 양 끝에 스테인리스 스틸을 입히고, 벽 사이 단열재도 보강하고, 단열이 더 잘되는 창문을 달고, 문도 더 두꺼운 걸로 선택하고, 창문 밖에는 햇빛 가리개도 설치하는 등 말이지요. 시공업자는 2000만 원 정도가 더 들 거라고 합니다.

갑자기 머릿속 계산기가 빠르게 움직입니다. 우리집 전기요금과 가스요금이 대충 연간 240만 원. 단열 시공으로 줄어들 요금은 대충 100만 원. 집을 짓고 20년이 지나야 투자금이 회수되는 구조입니다. 이자를 생각하면 22년. 수지타산이 맞지 않습니다.

사실 직접 집을 짓는 이는 드물죠. 아파트나 빌라를 분양받는 건데 시공사 입장에선 단열에 들어간 비용만큼 집값을 올려야 합니다. 과연 수요자가 주변보다 2000만 원 더 비싼 집을 살까요? 시공사 입장에서 이 비용은 그만큼 경쟁력을 떨어뜨립니다.

기후위기를 생각해서 오래 쓴 가스레인지를 인덕션으로 바꾸고 가스보일러도 전기보일러로 대체할 생각입니다. 그런데 또 돈 계산을 하게 됩니다. 하지만 이때도 목돈이 들어가는데 가스 대신 전기를 쓰면서 매달 세이브 되는 금액은 소소하기만 합니다. 물론 집안 사정도 괜찮고 의지도 있다면 경제적 손해를 감수하고 이런 변화를 이끌어낼 수 있습니다만 쉽지 않은 일입니다.

이런 변화를 가능하게 하려면 정부가 정책적으로 지원하고 또 규제해야 합니다. 실제 2010년쯤을 기점으로 그 이후 지은 집과 그 이전 집은 냉난방비에 차이가 있습니다. 건물을 지을 때 따라야 할 단열 규정이 더 엄격해졌기 때문입니다. 물론 건축 비용도 올랐지요.

하지만 한 회사만 오른 것이 아니고 다 같이 올랐으니 건설사 입장에선 별반 문제될 것이 없었습니다. 구매자 입장에선 더 많이 지불해야 했지만요. 물론 우리나라 부동산 시장의 현실에 당시의 조금 헐거운 단열 시공 규정이 구매 금액에 큰 영향을 주지는 않았습니다만.

앞으로 기후위기가 심각해질수록 단열 규정은 대폭 강화될 겁니다. 제로에너지 빌딩으로 가려면 건축비 상승분이 생각보다 훨씬 커집니다. 이 모든 것을 구매자가 감당할 순 없으니 일정 부분 정부 지원이 있을 수밖에 없습니다.

또 기존 주택에 대한 단열 리모델링도 진행되겠지요. 그냥 권고만 해선 하지 않을 터이니, 이 또한 강제 규정이 들어갈 수밖에 없을 거고요. 상업용 빌딩이야 건물주가 알아서 해야겠지만 작은 상가나 빌라, 아파트 등은 이 비용 중 일부는 정부 지원금으로 충당해야 할 겁니다.

마찬가지로 아파트나 빌라 등을 새로 지을 때 인덕션과 전기보일러를 설치하도록 강제 규정을 둘 수 있습니다. 강제 규정만으로는 반발이 있을 터이니 세제 혜택이나 보조금 지급도 있어야겠지요. 마치 지금 전기자동차를 구매할 때 보조금을 지급하는 것처럼 말이지요.

대중교통 이용을 확대하기 위해서도 돈이 필요합니다. 새로 철도를 깔고, 더 많은 버스 노선을 도입해야지요. 자가용 중심의 교통체계도 걷거나 자전거로 다니기 편하게 개편해야 합니다.

자동차 부품회사, 자동차 정비소, 화력발전소, 플라스틱산업 등 곳곳에서 일자리가 사라집니다. 직업을 잃은 이들에게 직업 전환 교육도 해야 하고, 실업 급여도 지급해야겠지요. 당연히 비용이 듭니다.

지금까지 예로 다루지 않았던 다양한 영역의 다양한 비용까지 감안해서 생각해보면 좀 거칠게 잡아서 수백조 원이 앞으로 30여 년의 기간 동안 지출될 수밖에 없습니다. 그중 절반 정도를 기업이 감당한다고 하더라도 그를 제외한 나머지 또한 200~300조 원 이상 될 거라 보입니다. 대충 잡은 것이니 이보다 훨씬 더 많이 들 수도 있고 조금 덜 들 수도 있습니다만, 일단 저는 보수적으로 가늠해봅니다.

이 돈은 결국 우리가 내는 세금으로 지불해야 될 거죠. 그러니 세금은 오를 수밖에 없습니다. 가령 5000만 국민이 250조 원을 나눠서 내면 한 명당 500만 원입니다. 3인 가구 기준으로 한 가구당 1500만 원이죠. 이를 30년으로 나누면 한 가구당 1년에 50만 원 정도의 세금을 더 내는 꼴입니다.

그런데 기후위기는 세금만이 아니라 물가도 오르게 만들 겁니다. 그것도 꽤 많이 오릅니다. 그러니 가난한 이들은 오르는 물가만 해도 감당하기 힘들 지경입니다. 이런 이들이 우리나라에 절반 정도 됩니다. 이들에게 세금도 더 물릴 순 없으니 결국 조금 더 소득이 많은 상위 50%의 가구가 1년에 100만 원 정도의 세금을 지금보다 더 내야 합니다. 물론 소득 구간별 누진적으로 세금 계산을 해야겠지만요. 아, 그리고 이 세금은 탄소세를 뺀 겁니다.

사실 좀 재수없게 말하자면 당연하기도 합니다. 부자일수록 기후위기에 대한 책임이 더 크긴 하거든요. 결국 소득이 많을수록 지금보다 훨씬 더 많은 세금을 내는 것이 기후위기를 헤쳐나가기 위해 시민이 져야 할 몫이 됩니다. 이런 세금을 내는 상위 50%보다 내지 못하는 하위 50%가 기후위기에서 겪어야 할 고통이 더 크다는 건 말씀드릴 필요도 없겠지요.

하나 더. 이 세금을 기꺼이 감당하겠다는 메시지를 정책 담당자들에게 보내고 실시하도록 압력을 가하는 것 또한 시민이 해야 할 일입니다. 세상 어느 정부도 세금을 올리겠다는 이야기는 쉽게 하지 못합니다. '내가 더 내겠다고, 그러니 세금을 올려서 기후위기 대책에 쓰라'고 말하는 시민들이 많아져야 움직일 수 있습니다. 물론 소득 하위 50%의 국민도 상위 50%의 세금을 더 올리라고 주장해야겠습니다. 이 또한 당연한 권리니까요.

조금은 급진적인 생각들

누구나 기후위기에 대해 이야기하는 시대입니다. 하지만 저는 지금의 이 지지부진함이 마음에 들지 않습니다. 경제적으로 따졌을 때 현재가 앞으로 남은 시간 중 가장 싸게 기후위기를 막을 수 있기 때문이 아니라, 이 지지부진함으로 인한 고통을 가장 크게 겪을 사람들이 사실 이 기후위기에 가장 책임이 작은 가난한 사람들이기 때문입니다. 그래서 지금보다 더 급진적인 정책이 제안되고 실행되어야 한다고 생각합니다. 이제부터의 글은 면밀하게 살핀 것이 아닌, 일종의 당위로 읽어주면 좋겠습니다.

기후위기를 극복할 가장 좋은 대책 중 하나는 소비를 줄이는 것입니다. 그중에서도 전기 사용량을 줄이는 것은 대단히 중요합니다. 하지만 아껴 쓰기를 권유하는 것만으로는 부족하지요. 마침 한국전력이 재생에너지와 관련된 송배전망에 대해 투자도 해야 하고 적자도 크니 전기요금을 올리면 좋겠습니다(이 책을 편집하는 사이 전기요금이 올랐습니다만 아직 더 많이 올려야 합니다). 우리나라 가구당 월 평균 전력 사용량은 약 350kWh입니다. 전기요금은 200kWh, 400kWh(여름 두 달은 450kWh), 1000kWh 구간에 따라 달라집니다. 이 구간들을 좀더 촘촘히 짜고, 많이 쓸수록 내야 하는 요금을 더 올리자는 거죠. 그래서 전기 사용량이 적은 사람들은 지금 내는 것만큼 내고, 많이 사용하는 사람들은 이전보다 더 많이 내도록 하는 것이 좋겠습니다. 가스요금도 마찬가지로 구간은 촘촘하게 그리고 많이 쓸수록 이전보다 더 많이 내도록 하는 것으로 바꾸고요.

산업용 전기도 마찬가지입니다. 다른 나라도 별반 다를 바 없습니다만 우리나라 기업 중 이산화탄소 배출 책임이 가장 큰, 즉 기후위기의 주범은 300인 이상 규모의 대기업입니다. 산업용 전기는 현재 300kW를 중심으로 전력요금이 나눠지는데 이를 좀더 촘촘히 나누고 누진율을 높일 필요가 있지요.

이산화탄소 발생량이 많은 기업에는 탄소세를 부과해야겠습니다. 그것도 기업들이 하루라도 빠르게 온실가스 배출량을 줄이지 않으면 망하겠다는 생각이 들 만큼 부과했으면 좋겠습니다. 또 제철산업, 전기전자산업, 정유 및 석유화학산업, 시멘트산업 등에 배정하는 탄소배출권 할당량을 매년 전년 대비 5%씩 감소해야 합니다. 지금처럼 탄소배출권으로 오히려 장사를 하게 돼서는 안 되겠습니다.

　물론 이렇게 되면 물가가 오릅니다. 살기 힘들어지지요. 그래서 소득분위 하위 50%에게는 소득별로 기후위기에 따른 재난지원금을 주면 좋겠습니다. 매달 50~100만 원을 소득에 따라 차등을 두면서 지급하자는 거죠. 이는 시혜가 아니라 당연한 권리입니다. 기후위기에 대한 책임이 가장 작은데 그로 인해 피해를 보게 된 것이니 보상을 받는 건 권리일 수밖에 없습니다. 더구나 이들에게 지급하는 '기후위기에 따른 재난지원금'은 이들의 소비가 덜 위축되도록 만들어 필요한 부분에서의 소비가 정상적으로 일어나도록 하는 장점도 있습니다.

　이렇게 기후위기에 대응하려면 아주 많은 돈이 필요합니다. 그러니 예산 확보를 위해 소득세도 조정했으면 좋겠습니다. 상위 20%의 소득에 기존 소득세 대비 10%, 상위 10%는 20%, 상위 5%는 30%, 상위 1%는 50% 정도 더 올리고 그 세수로 기후위기에 대한 정책을 펼 수 있으면 좋겠다는 생각입니다(이 수치들은 일종의 비유로 봐주시면 좋겠습니다. 엄밀한 계산을 거친 것이 아닙니다).

　기후위기에 대한 가장 좋은 대안은 소비를 줄이는 것이고 그중에서도 소득 수준이 높은 사람들의 소비를 줄이는 것입니다. 소득 수준이 높은 이들은 이산화탄소를 더 많이 배출하는 편안한 삶을 사는 대가를 세금의 형태로 지불한다고 생각하면 좋겠습니다. 그러면서 소비를 줄이면 더 좋겠지요. 그래서 일종의 사치세를 도입하면 좋겠습니다. 현재 사치세는 따로 없지만 별장에 대한 고율의 취득세 및 재산세, 자가용의 영업용 대비 상대적 고율의 자동차세, 고가주택에 대한 1세대 1주택 비과세규정 배제 등이 그런 역할을 일부 합니다. 이 참에 기후위기 대응을 위한 사치세를 도입하자는 거지요. 도심에 일정 면적 이상의 주거를 가지고 있는 경우, 대형 자동차, 스포츠카, 요트, 명품, 대형 가전 등에 고율의 세금을 부과하면 좋겠습니다.

탈성장, 코끼리를 달팽이로

희순 씨는 만두를 팝니다. 시장 어귀 조그만 점포에서 포장 판매만 하죠. 처음 시작할 때는 좀 힘들었지만 다행히 어느 정도 안정적인 궤도에 올랐습니다. 오전 9시에 나와 준비를 하고 11시경에 문을 엽니다. 오후 6시경까지 팔면 하루에 50만 원 정도 매출을 올렸습니다. 일요일 쉬고 한 달에 1300만 원가량 매출이 오르죠. 순수익은 약 400만 원 됩니다.

개업을 하고 6개월여 지나 입소문이 났는지 오후 4~5시면 준비한 만두가 다 팔립니다. 희순 씨는 욕심이 납니다. 아침 8시에 나와 만두를 좀더 많이 만들기 시작했습니다. 살림만 하던 아내도 낮에 나와 서너 시간 돕습니다. 이제 하루 매출이 70만 원쯤 되고 한 달에 순수익이 500만 원이 넘습니다. 희순 씨는 이제 아침 7시에 나와 장사 준비를 시작합니다. 직원도 한 명 두었습니다. 오후 8시까지 일을 합니다. 한 달 매출이 2500만 원이 되었습니다. 수익은 1000만 원가량 됩니다.

신진정밀은 꽤 기술력이 탄탄한 회사입니다. 초반에는 고생을 했지만 이제 납품처에 기술력을 인정받아 안정적인 매출이 나옵니다. 직원 30명의 작은 기업이지만 연 매출 100억 원에 순이익이 10억 원 정도 나옵니다.

사장은 작년에 큰 결심을 했습니다. 50억 원을 들여 공장을 개비합니다. 라인도 새로 깔고 산업용 로봇도 두 대 더 도입했습니다. 이제 하루 생산량이 이전에 비해 1.5배 정도 늘었습니다. 불량품 비율도 줄었지요. 사장은 투자한 만큼 성과가 나자 흡족해집니다. 경력자를 영업팀에 한 명 더 채용합니다. 연 매출이 150억 원까지 늘고 순이익이 15억 원으로 늘었습니다. 납품하는 대기업이 늘면서 납품량도 계속 늘어납니다. 노동자들은 야근을 하고 월급도 늘어납니다. 회사는 라인을 증설하고 현장 노동자를 더 뽑습니다. 연 매출은 이제 300억 원이 되고 순이익은 30억 원으로 늘었습니다.

그런데 다른 상상은 불가능할까요? 가령 이렇게 말입니다.

희순 씨는 이제 오전 9시에 나와서 만두가 다 팔리는 오후 4시쯤

문을 닫습니다. 오후 5시가 되면 매장 정리를 끝내고 집으로 갑니다. 이제 두 살짜리 아이 육아와 집안 살림으로 지친 아내가 쉴 시간입니다. 희순 씨는 빨래를 돌리고 설거지를 하고 청소도 합니다. 오후 7시쯤 되면 다 같이 저녁을 먹고 셋이서 산책을 합니다. 일요일 하루 쉬던 걸 토요일도 쉬는 걸로 바꾸고, 주말이면 가족들이 가까운 곳으로 나들이를 가기도 하지요.

신진정밀은 50억 원을 들여 공장을 개비합니다. 라인도 새로 깔고 산업용 로봇도 두 대 더 도입했습니다. 생산성이 올라가서 이제 오후 3시면 하루 생산량이 맞춰집니다. 사장과 노동자는 일주일에 4일만 출근하기로 결정했습니다. 금요일부터 일요일까진 공장 문을 닫습니다. 월급은 오르지 않았지만 시간은 늘었습니다. 누군가는 가족과 함께 금요일 오전부터 여행을 가기도 하고, 누구는 동네 도서관에서 자원봉사를 시작했습니다.

우리나라의 1인당 국민소득이 3만 달러가 넘었다고 합니다. 1년에 국민 한 명당 약 4000만 원의 소득이 있는 거죠. 우리보다 1인당 국민소득이 더 높은 나라도 있지만 우리가 선진국이라는 데에 시비 걸 사람은 아무도 없습니다. 정부는 매년 3%의 경제성장을 목표로 잡고 실제로 코로나19 등의 상황을 제외하면 2010년부터 꾸준히 그 정도의 성장이 이루어지고 있습니다. 1인당 평균소득은 일본을 추월했고, R&D 규모는 세계 5위입니다. 무역은 세계

8~10위권이죠. 자체 기술로 우주 발사체를 쏘아올리는 데에 성공했고 군사력도 세계 상위권입니다. 이렇게 열심히 압축적으로 경제성장을 이룬 나라는 대한민국밖에 없습니다.

그렇다면 만족해야 하지 않을까요? 다른 나라보다 더 높은 소득을 올리고, GDP 규모가 더 커지고, 더 강한 군사력을 가질 필요가 있을까요? 차라리 그 시간의 일부를 돌려 개개인이 더 여유로운 삶을 사는 게 행복한 일이 아닐까요? 왜 경제는 더욱 발전하는데 거기 사는 우리는 매일 과한 노동에 시달려야 하는 걸까요?

물론 더이상의 경제적 성장을 목표로 하지 않는 삶은, 바라더라도 쉽지 않습니다. 만두가게 희순 씨는 그나마 가능하지요. 개인은 스스로 결정할 수 있습니다. 하지만 기업이 이런 결정을 하는 건 쉽지 않습니다. 규모가 클수록 더하지요. 만약 상장된 주식회사라면 당장 주주들이 난리가 나겠지요. 또 사업 분야가 겹치는 다른 경쟁사들과의 경쟁에서 처지는 것도 두려울 것이고요.

국가도 마찬가지일 겁니다. 더이상 경제성장을 목표로 하지 않는 나라, 경제규모를 키우는 대신 공동체와 개인의 행복이 우선시되는 나라를 만들기란 쉽지 않을 겁니다. 이 국가를 지탱하는 건 이론적으로는 주권을 가진 국민이지만 현실적으로 자본주의 체제와 그를 가능케 하는 기업, 관료, 군사력 등이니까요.

그래서 탈성장degrowth은 자본주의라는 체제 자체를 바꾸지 않고는 불가능하다고 이야기합니다. 그래서 탈성장을 주장하는 이들

5-2. 2007년 프랑스 리옹에서 열린 프랑스 정부의 유럽 가압수형 원자로(EPR) 설치 반대 시위에 등장한 탈성장의 상징 달팽이.

은 '체제 전환'을 말합니다. 그저 자연에서의 삶, 소박하고 소비를 줄이는 삶, 힐링을 주는 삶이 아니라 체제를 전환하는 가장 불온한 말이자 행동입니다.

그런데 기후위기 이야기에 왜 탈성장이냐고요? 탈성장 운동의 상징은 달팽이입니다. 코끼리를 날씬하게 하는 것이 아니라 코끼리를 달팽이로 바꾸는 것이 목표입니다. 그래서 말합니다. '지속가능한 유일한 성장은 탈성장뿐(The only sustainable growth is de-growth)'이라고. 저는 이렇게 덧붙입니다. '기후위기 때문에도, 기후위기가 아니라도' 지속가능한 유일한 성장은 탈성장뿐이라고.

아나바다에서 체제 전환까지

아나바다 운동이 시작된 건 1997년 외환위기 때입니다. 워낙 어려운 시기라 다 같이 아껴 쓰고, 나눠 쓰고, 바꿔 쓰고, 다시 쓰자고 했었지요. 우리나라 온실가스 배출량이 전해에 비해 줄었던 20세기 후반의 유일한 해가 바로 저 외환위기 때입니다. 그리고 21세기 들어 온실가스 배출량이 전해에 비해 줄었던 첫해가 2019년 코로나19 때입니다. 우리나라만 그런 것이 아니라 전 세계적으로 마찬가지였습니다. 경제 위기가 닥치고 소비가 줄고 생산이 줄자, 온실가스 배출도 줄었습니다.

기업은 스스로 생산량을 줄이지 않습니다. 당연하지요. 하나라도 더 많이 만들어 파는 게 자신들의 존재 이유라고 생각하니까요. 정부도 기업에게 생산량을 줄이게끔 정책 유도를 하지 않습니다. 대부분의 경우 정부 입장에선 지속적인 경제성장이야말로 바라 마지않는 바니까요. 물론 성장을 하면서도 온실가스 배출량을 대폭 줄일 수 있으면 얼마나 좋겠습니까? 하지만 저런 주장은 현재의 조건에서 밥을 많이 먹으면서 똥은 적게 싸고 싶다는 이야기와 별반 차이가 없습니다.

그래서 중요한 것이 소비를 줄이는 일입니다. 소비를 줄여 생산을 줄이고 세상을 바꾸는 일입니다. 자동차 구매량이 줄어들고, 집을 덜 짓고, 옷을 덜 사야 합니다. 소비량이 줄어야 기업도 앗 뜨거라 하고 어떻게든 기존보다 더 빠르게 움직이겠지요. 정부도 마찬가지입니다. 이런 일을 정부가 나서서 하길 기대할 순 없지요. 시민들의 행동이 실제로 보일 때, 그 효과가 사회적으로 드러날 때, 정부도 대책을 마련할 수밖에 없습니다. 우리가 나서지 않으면 안됩니다.

또 하나, 앞서 우리나라뿐만 아니라 전 세계가 온실가스를 줄이기 위해서는 가장 중요한 것이 에너지 전환이라고 말씀드렸습니다. 재생에너지를 확대하고 그린수소를 쓰는 일이지요. 하지만 여기에는 막대한 돈이 들어가고 또 시간이 필요합니다. 당장 석탄과 천연가스, 석유를 끊을 수 없는 이유입니다. 발전소도 제철회사도 시멘트회사도 자동차회사도 모두 시간이 필요한 건 사실입니다. 늦장을 부리는 건 밉지만 그렇다고 강제로 내일 당장 바꾸라고 할 순 없는 일이지요. 그래서 우리가 소비를 줄여 최대한 에너지 소모를 줄이고, 온실가스 발생량을 줄여야 합니다.

하지만 혼자서는 하기도 힘들고 별 소용이 없습니다. 혼자선 힘드니까 같이해야 합니다. 지역에 소규모 공동체를 만듭시다. 그 소규모 공동체를 통해 조금씩 바꿔나가는 겁니다.

소비를 줄이는 첫째는 고쳐 쓰는 일입니다. 예전 1980년대나 1990년대까지만 하더라도 양말에 구멍이 나면 꿰매 신었죠. 우산살이 부러지면 고쳐주는 수선집이 꽤 많았습니다. 식기도, 장롱도 고쳐 쓰는 것이 자연스러운 일이었습니다. 지금도 찾아보면 있습니다. 하지만 혼자선 다 찾아나서기도 힘든 노릇입니다. 지역에 공동체를 만들고 이런 가게들과 연결이 되면 서로 좋은 일이지 않겠습니까?

소비를 줄이는 또 하나는 나눠 쓰는 일입니다. 우리집에선 더이상 입는 사람이 없는 옷을 필요한 사람에게 주고, 또 필요한 옷은 가져옵니다. 식기도구며 살림살이, 이제 더이상 쓰지 않는 운동도구, 선물로 들어왔지만 별 소용이 없는 물건 등 매달 정해진 날에 모여 필요한 사람에게 싼 가격에 팔거나 무료로 나누는 일입니다. 물론 휴대폰 앱을 이용해서도 가능하지요.

새로 사는 대신 수리를 해서 쓰는 것이 자랑스럽고 멋지도록 홍보도 해야 합니다. 다른 사람이 입던 옷을 고쳐 입고, 다른 사람이 신던 신발을 신는 것이 자연스럽고 당연한 일처럼 여겨져야 합니다.

물론 지금도 이런 일을 하는 곳은 많이 있습니다. 다만 여기에서 끝나면 너무 서운하지요. 풀뿌리 네트워크가 할 일은 그것 말고도 많습니다. 기후위기를 기후정의로 변화시키는 모든 일들이 우리의 임무가 됩니다. 기후정의를 위한 주부파업을 조직하고, 기후정의를 위한 학교파업을 조직하고, 기후정의를 위한 행진을 지역마다 만들어야 합니다.

과도한 포장을 일삼는 기업 제품을 불매하고, 플라스틱 용기를 스스로 수거하도록 강제하는 일도 우리가 할 일입니다. 협동조합을 구성해서 지역의 공공건물이나 공영주차장 위에 소규모 태양광 발전소를 만들 수도 있습니다.

구의원, 시의원, 지역의 국회의원을 불러다 기후정의법을 제정하도록 하고, 기후조례를 만들도록 해야 합니다. 그들이 나서지 않으면 우리가 나서서 기후정의법을 청원하고 밀어붙여야겠지요. 구청장에게 요구하고, 시장에게 요구합시다.

아주 온건한 아나바다에서 시작하지만 우리의 지향은 체제를 전환하는 겁니다. 소비를 줄여 생산을 줄이는, 성장에 목매지 않는, 더이상 자본주의에 끌려가지 않는, 기후위기를 기후정의로 바꾸는 미래를 가꿀 지역 모임을 시작합시다.

인류에 의한
제6차 대멸종

처음 인류의 선조가 열대우림을 벗어나 초원에 나왔을 때 생태계에서의 지위는 남이 사냥한 먹이의 남은 부분을 처리하는 청소부, 즉 대머리독수리랑 비슷했습니다. 물론 조개를 먹을 때는 해달이랑 비슷했고 가뭄에 콩 나듯이 사냥을 할 때도 없진 않았습니다. 그러나 두 발로 걷는 것 외에 발톱과 이빨도 없고 빠르지도 못한 인간은 사자는커녕 하이에나보다 못한 존재였지요. 하지만 한 300만 년 정도 진화를 하면서 인류의 선조는 불을 사용하기 시작했고 덩치도 커졌습니다. 도구도 다양해지고 집단 사냥기술도 발전하면서 제대로 된 포식자가 되었지요. 사자나 호랑이처럼 생태계 최상위 포식자가 된 겁니다.

다시 300만 년 정도 지나고 나서 대략 1만 년 전에 인류는 수렵 채집에서 농경목축으로 삶의 방식을 전환합니다. 아마 지구 생태계에선 처음 있는 일이었을 겁니다. 최상위 포식자가 직접 식물을 재배하고 가축을 길러 생태계에 의지하지 않고 먹고살 수 있게 되었습니다. 한 산에 호랑이 두 마리가 없다는 말처럼 원래 최상위 포식자는 개체수가 가장 적어야 하는데 그 상식을 벗어나게 된 거죠. 그리고 지구 생태계는 인간에 의해 신음하게 됩니다. 뭐, 인간이 크게 잘못한 거라 볼 수는 없죠. 먹고살려니까 숲을 밀어버리고 밭을 개간합니다. 목초지에 자기가 기르는 소나 양을 풀어놓아 다른 초식동물을 쫓아냈죠.

인구가 늘어나니 도시도 생기고, 도로도 생깁니다. 목축과 농경으로 부족한 식량을 장만하려고 다른 동식물을 숱하게도 잡아먹었지요. 인류의 수가 급속히 늘어나는 만큼 세계 곳곳에서 많은 동식물이 멸종의 길을 걷습니다. 하지만 1만 년 전의 신석기혁명은 전조에 불과했습니다. 1850년경 영국에서 산업혁명이 시작됩니다. 이제 본격적인 인류의 지구 망치기가 시작되었지요. 이전까지 인류는 자신의 노동력에 가축의 노동을 더하고 여기에 바람과 물을 이용하는 정도였는데, 이제 화석연료에 숨어 있던 화학에너지를 이용하기 시작했지요.

인구가 느는 속도가 이전과 비교가 안 되게 빨라졌습니다. 숱한 전쟁과 감염병이 증가 속도를 낮추려 했지만 인구가 느는 속도를 따라잡을 수 없었지요. 동북아시아, 유럽, 동남아시아 정도에 밀집해 있던 인류는 전 세계 곳곳에 도시를 세우고, 거대한 농장을 세우고, 공장을 짓고, 고속도로를 뚫습니다. 그에 비례해서 더 많은 생물이 멸종의 길을 걷습니다. 화석연료에 숨어 있던 화학에너지를 꺼내 쓰기 시작한 후 인류가 생태계에 미치는 악영향은 기하급수적으로 커져갔죠.

20세기 말, 과학자들은 지금 이 시기에 제6차 대멸종이 진행되고 있음을 알아차립니다. 대멸종은 지구 전체 동물의 90% 이상이 사라져버린 지구 역사에서도 엄청난 대사건입니다. 지난 5억 년 동안 단 다섯 차례만 일어난 일이지요. 중생대 말 공룡이 사라진 백악기 대멸종이 가장 작은 대멸종일 정도입니다.

그런데 과학자들의 연구에 따르면 지금 일어나고 있는 대멸종은 이전 다섯 번의 대멸종과 비교해서도 엄청난 사건이라고 합니다. 이전의 대멸종은 짧으면 몇백만 년, 길면 2000만 년이란 긴 시간 동안 일어난 일이었습니다. 그런데 지금의 대멸종은 인간이 문명을 시작한 때로부터 따져도 1만 년 만에 일어난 일이고, 지금의 속도라면 앞으로 불과 100년에서 200년이면 완성될 정도로 빠릅니다. 그리고 이 속도는 더 빨라지고 있습니다. 지난 2000년 동안 육상 척추동물은 543종이 멸종했습니다. 하지만 앞으로는 20년이면 이 정도의 멸종이 일어나기에 충분합니다.

제6차 대멸종의 원인은 다양합니다. 기본적으론 인간 개체수가 너무 많다는 것이지만, 그에 의해 도시화가 진행되고 농경지가 늘면서 다른 생물들이 살 수 있는 땅이 너무 좁아졌다는 것이 첫 이유입니다. 거기다 바다에서의 무차별한 남획으로 바다 동물의 개체수가 급격히 감소하고 있는 것도 이유입니다. 또 산업혁명 이후 급속하게 진행된 산업화로 대기의 질이 나빠지고, 토양과 바다 오염이 심해진 것도 한 이유입니다.

하지만 현재의 모습이라면 대멸종의 마지막을 장식할 가장 중요한 사건은 기후위기입니다. 지구 생명은 환경의 변화에 맞춰 다양한 진화를 해왔습니다. 진화야말로 변화하는 지구에서 다양한 생명을 탄생시키고, 멸종으로부터 생태계를 복구하고, 종다양성을 만들어낸 생명의 원동력입니다. 하지만 진화는 비교적 긴 시간 동안 천천히 진행되는 변화에 맞춰 이루어집니다. 진화는 짧아도 수천 년이고 길면 수백만 년에 걸쳐 일어나는 아주 작고 작은 변이의 총합이기 때문입니다. 그래서 인류에 의해 일어나는 이 변화, 특히 온실가스 농도의 급격한 상승으로 인한 급작스러운 기후변화와 이에 의한 환경변화의 속도를 따라잡기 힘듭니다. 물론 개중에는 변화에 맞춘 진화에 성공하는 종들도 있겠지요. 하지만 대다수의 종은 이 변화 과정에서 사라지게 됩니다.

수십 년이 지난 뒤 우린 소나 돼지, 닭, 개나 고양이 같은 가축을 제외한 대부분의 생물을 박제된 표본이나 동식물 보호구역 안에서나 볼 수 있게 될지도 모릅니다.

『1.5도, 생존을 위한 멈춤』을 낸 지 4년 만에 뿌리와이파리에서 다시 기후위기에 대한 책을 내게 되었습니다.

4년 사이 많은 변화가 있었습니다. 더 많은 사람들이 기후위기의 심각성에 대해 동의하고 같이 행동에 나서고 있습니다. 각국 정부는 2050 탄소중립을 위한 로드맵을 작성했습니다. 기업들도 더 이상 기후위기를 외면하기 힘들면서 어떻게든 대응하고자 합니다.

하지만 기후위기도 그사이 더 심각해졌고, 온실가스 배출량은 줄어들지 않고 있습니다. 아직도 기후위기를 일종의 거짓말로 치부하는 화석연료와 자본주의, 기존 시스템의 동맹은 여전히 견고합니다. 기후위기를 모르기 때문이 아니라 기후위기가 누구에게나 공평한 것이 아니라는 명백한 사실을 너무 잘 알고 있기 때문입니다. 가진 자는 기후위기에서도 살아남으리라는, 그리고 계속 부와 권력을 쥐고 있으리라는 사실을 알고 있기 때문입니다. 세계의 미래가 더 어두워지고 있는데, 자국의 이익, 자기 기업의 이윤, 자기 집단의 이해가 우선인 사람들도 여전합니다. 그렇지 않아도 힘겨운 과정을 더 더디고, 어렵게 만들고 있습니다.

그래서 지금 이 순간에도 기후위기가 가져온 고통의 그늘에서 힘겨워하는 이들이 계속 늘어나고 있습니다. 아프리카의 기후기근, 방글라데시와 베트남의 기후난민, 파키스탄의 온열환자, 아마존의 원주민, 그리고 지구 어디에나 존재하는 가난한 이들입니다.

그래도 기후위기를 넘어 기후정의를 실현하고자 하는 움직임 또한 더 강해지고 있습니다. 져서는 안 될 싸움이지만 다행인 건 이 싸움에는 완전한 패배는 없다는 점입니다. 우리가 싸우는 만큼 이기고, 싸우는 만큼 희생은 더 적어집니다. 반면 안타깝게도 완전한 승리도 없을 겁니다. 어쩌면 인간이 부여받은 운명이 시시포스처럼 끊임없는 도전에 맞서는 것인지도 모릅니다.

여전히 저는 개별 존재로서의 인간에 대해 신뢰하며, 종으로서의 인류에 회의적이지만, 저와 여러분 모두 각자 자기가 선 자리에서 존재가치를 증명하는 삶을 열심히 살며 소소한 행복을 누리면 좋겠습니다.

이 책의 일부는 2022년 페이스북에 '기후위기 이야기'란 제목으로 대략 30회 정도 연재되었습니다. 그 글에 관심을 보여주고 피드백을 주신 분들이 큰 도움이 되었습니다. 책을 쓰는 과정에서 일부 수정된 부분과 페이스북에는 다 담지 못한 부분을 보충했고, 또 공개하지 않은 부분을 더했습니다.

항상 그렇듯이 집필을 핑계삼는 저를 응원하고 도와준 아내에게 가장 큰 감사를, 그리고 뿌리와이파리 출판사의 편집노동자와 이 책을 멋지게 완성시켜주신 여러 노동자들께도 감사드립니다.

2023년 3월

박재용 씀

참고자료[*]

5대 전력정보분석보고서
2017년 에너지통계 핸드북
2019년도 발전설비현황 최종
2019 전부문 에너지 사용 및 온실가스 배출량 통계
2020년 에너지총조사보고서
2020년도 주거실태조사
2022년 지속가능보고서
2022 재생에너지 정책제안서
2050 탄소중립 달성을 위한 미국의 장기 전략
2050 탄소중립 시나리오
chancel 2021 carbon inequality study online
Counting the cost 2021 - A year of climate breakdown
E Mobility 성장에 따른 석유 전력 신재생에너지 산업 대응 전략 연구
energy transition elevator pitch korean
energy transition narrative korean
ESC 기후위기의_과학적_사실

[*] 참고자료는 인터넷 검색을 통해 보실 수 있습니다.

Global Climate Risk Index 2021

IPCC 보고서 주요내용

IPCC AR^WGIII 교통

IPCC Report

NetZero by 2050 A roadmap for the global energy sector

On the history and future of 100 renewable energy systems research

Pentagon Ruel Use, Climate Change and the costs of war revised November
  2019

UNEP Food Waste Index Report 2021

World Nuclear Waste Report 2019 Focus Europe

zero carbon action plan

가정부문 용도별 에너지 소비량

고지의 리싸이클 동향과 앞으로의 과제

곡물자급률 제고 정책과제

국내 시멘트산업의 탄소중립 추진 전략과 정책과제

국내 예비력 기준 및 운영 현황

국내외 풍력발전 산업 및 기술개발 현황 기술보고서

국내외 플라스틱 문제현황 및 해결방안

글로벌 기후변화 정책과 우리의 대응

글로벌 탄소가격제도 현황, 딜로이트 인사이트 편집국

기후변화와 탄소 배출의 지구적 불평등, 1990-2020

기후변화행동연구소 기후위기 특별판

기후정의포럼 자료집

대통령을 위한 에너지정책 길라잡이

대한민국 2050 탄소중립시나리오

사회혁신을 동반한 지역에너지전환

새정부 에너지정책 방향

석유산업 경쟁력 강화방안 연구

수소저장기술의 현황과 과제

에너지 전환을 위한 예비력 제도의 개선방향

에너지포커스 88호, 한국 정의로운 전환
연구보고소 2050 탄소중립 시나리오 KMap 산업부문 세부보고서
온실가스 감축목표와 건물부문 탄소중립 정책수단
외주화된 노동에서 노동자시민의 위험 연구 보고서
외주화된 노동에서 노동자 시민 위험 사례연구 발표 및 토론회 자료
우리가 알아야 할 재생에너지의 모든 것
원자력 우리의 미래인가
이산화탄소 포집·활용 기술혁신 로드맵
저탄소 전력시스템으로의 전환을 위한 전력시장 제도개선 방안 연구
전력산업과 발전시장의 이해
정유 및 석유화학 온실가스 배출특성 연구 최종보고서
제2차 고준위 방사성폐기물 관리 기본계획 행정예고안
제지산업의 환경적 영향
지구기후보고서 2015~2019
지구온난화 1.5도씨 특별보고서 해설서
지속가능발전과 에너지 산업전환
지자체의 기후위기 대응과 노동의 과제
탄소국경조정제도의 중소기업에 대한 영향과 해외 정책사례
탄소세 도입 방안에 대한 연구
탄소세를 기본소득으로?: 탄소세 도입을 둘러싼 쟁점들
탄소중립시나리오 세부산출근거
탄소중립제품 첫 등장, 탄소성적표지 제도의 선진화
한국 기후변화 평가보고서 2020
한국의 건물부문 온실가스 배출량 현황 분석
해상풍력 개발의 지역 경제 영향 분석

참고 인터넷 사이트

Guadian   https://www.theguardian.com/environment/

climate-crisis

IPCC	https://www.ipcc.ch
KOSIS 국가통계포털	https://kosis.kr
UN	https://www.un.org/en/un75/climate-crisis-race-we-can-win
UNEP	https://unep.org
공공데이터포털	https://data.go.kr
국가건강정보포털	https://health.kdca.go.kr
국가온실가스 배출량 종합정보 시스템	https://netis.kemco.or.kr/netis/hp/main#
국립환경과학원	https://nier.go.kr/NIER/kor/index.do
기후사회연구소	http://rics.re.kr/
기후위기비상행동	http://climate-strike.kr/
기후정보포털	https://www.climate.go.kr
에너지경제연구원	https://www.keei.re.kr/main.nsf/index.html
정의로운 전환을 위한 에너지기후정책연구소	http://ecpi.or.kr/
한국과학기술기획평가원	https://www.kistep.re.kr/
한국과학기술정보연구원	https://www.kisti.re.kr/
한국기후변화연구원	http://www.kric.re.kr/front/index.do
한국에너지기술연구원	https://www.kier.re.kr/
한국판뉴딜 그린뉴딜	https://www.knewdeal.go.kr/front/view/newDeal02.do

참고도서

『2016 원자력발전 백서』, 한국수력원자력㈜.

『2도가 오르기 전에』, 남성현 지음, 애플북스.

『Code Green—뜨겁고 평평하고 붐비는 세계』, 토머스 L. 프리드먼 지음, 왕윤종 외 옮김, 21세기북스.

『그리드』, 그레천 바크 지음, 김선교 외 옮김, 동아시아.

『그린뉴딜과 집단에너지』, 조형희 외 지음, 글누림.

『그린뉴딜: 대한민국ver』, 강민서 지음, 부크크.

『글로벌 그린 뉴딜』, 제러미 리프킨 지음, 안진환 옮김, 민음사.

『기후변화의 이해』, 정회성·정회석 지음, 환경과문명.

『기후위기, 불평등, 재앙』, 장호종 외 지음, 책갈피.

『기후위기 시대, 12가지 쟁점』, 강성진 외 지음, 박영스토리.

『기후위기와 불평등에 맞선 그린뉴딜』, 김병권 지음, 책숲.

『기후위기와 글로벌 그린 뉴딜』, 놈 촘스키·로버트 폴린 지음, 이종민 옮김, 현암사.

『기후위기와 자본주의』, 조너선 닐 지음, 김종환 옮김, 책갈피.

『기후위기와 탈핵』, 김현우 외 지음, 한티재.

『대한민국 녹색시계』, 강수돌 외 지음, 산현재.

『마지막 비상구』, 제정임 지음, 오월의봄.

『미래가 불타고 있다』, 나오미 클라인 지음, 이순희 옮김, 열린책들.

『생태경제와 그린뉴딜을 말하다』, 조영탁 지음, 보고사.

『스마트그리드』, 최동배 지음, 인포더북스.

『스마트그리드와 사물인터넷 빅데이터의 이해』, 비피기술거래 지음, 비피기술거래.

『신재생에너지』, 윤영수 지음, 동화기술.

『신재생에너지와 미래생활』, 이상일 외 지음, 도서출판 아진.

『신재생 분산전원·연계』, 김일동·서동범 지음, 북두출판사.

『오버타임』, 월 스트런지·카일 루이스 지음, 성원 옮김, 시프.

『원자력 논쟁』, 서울대학교 사회발전연구소 지음, 한울아카데미.

『원자력발전의 사회적 비용』, 김해창 지음, 미세움.

『원자력 우리의 미래인가?』, 데이비드 엘리엇 엮음, 이지민 옮김, 교보문고.

『지금 당장 기후 토론』, 김추령 지음, 우리학교.

『지구의 기후변화: 과거와 미래』, 윌리엄 F. 러디먼 지음, 이준호·김종규 옮김, 시그마프레스.

『지속 불가능 자본주의』, 사이토 고헤이 지음, 김영현 옮김, 다다서재.

『진보의 상상력』, 김병권 지음, 이상북스.

『탄소 사회의 종말』, 조효제 지음, 21세기북스.

『탄소중립과 그린뉴딜』, 환경정치연구회 엮음, 한울아카데미.

『프로메테우스의 금속』, 기욤 피트롱 지음, 양영란 옮김, 갈라파고스.

『한국 원자력발전 사회기술체제』, 홍덕화 지음, 한울아카데미.

『후쿠시마 원전사고의 논란과 진실』, 백원필 외 지음, 동아시아.

도판 및 표 목록

녹색성장 말고 기후정의

—기후 불평등에서 정의로운 전환으로

2023년 3월 24일 초판 1쇄 찍음
2023년 4월 10일 초판 1쇄 펴냄

지은이 박재용

펴낸이 정종주
편집주간 박윤선
편집 박소진 박호진
마케팅 김창덕

펴낸곳 도서출판 뿌리와이파리
등록번호 제10-2201호 (2001년 8월 21일)
주소 서울시 마포구 월드컵로 128-4 (월드빌딩 2층)
전화 02)324-2142~3
전송 02)324-2150
전자우편 puripari@hanmail.net

디자인 공중정원
종이 화인페이퍼
인쇄 및 제본 영신사
라미네이팅 금성산업

값 13,000원
ISBN 978-89-6462-188-2 (03450)